歐陽翰，劉燁 著

當孫子兵法成為必修課

十三篇謀略學分修好修滿

崧燁文化

目錄

序言

　　《孫子兵法》是一部享譽全球的兵法聖典，被譽為「天下第一奇書」，是引以為傲的文化瑰寶。其內容博大精深，思想深邃高遠，邏輯嚴密謹慎。作者為春秋時期偉大的軍事家孫子，大約成書於春秋末年。

　　《孫子兵法》自問世以來，對中國古代軍事學術的發展產生了巨大而深遠的影響，被人們尊奉為「兵經」、「百世談兵之祖」。歷代兵學家、軍事家無不從中汲取養料，用於指導戰爭實戰和發展軍事理論。

　　《孫子兵法》不僅是謀略寶庫，在世界上也久負盛名。八世紀傳入日本，十八世紀傳入歐洲，現今已翻譯成三十多種文字版本，在世界各地廣為流傳。

　　美國著名的西點軍校，一直把《孫子兵法》定為必讀教科書。

　　日本的「經營之神」松下幸之助，則公開宣稱《孫子兵法》是他成功的法寶。他說：「中國古代先哲孫子，是天下第一神靈。我公司職員必須頂禮膜拜，對其兵法認真背誦，靈活應用，公司才能興旺發達。」

　　義大利埃尼公司總裁貝爾納貝同樣看到了《孫子兵法》的價值：「關於策略這個題目，我正在讀《孫子兵法》，這是一本大約兩千五百年前由一位中國將軍孫子所寫的經典教科書，這是一本關於策略的全面的教科書，今天仍能運用到人類的各種活動中去。」

　　《孫子兵法》不僅跨越了國界，而且超越了時空。正如英國空軍元帥約翰·斯萊瑟在《中國的軍事箴言》一文中所言：「孫子的引人入勝的地方是他的思想多麼驚人地『時新』——把一些詞句稍加變換，他的箴言就像是昨天寫出來的。」

　　如今，《孫子兵法》已不僅僅是簡單意義上的戰爭著作，而且在現代軍事、商業、為人處世等各個領域得到了廣泛的運用。

　　正是由於《孫子兵法》的巨大魅力和極高的實用價值，近些年來掀起了《孫子兵法》出版和閱讀的熱潮。但不少僅僅是迎合市場的應景之作，難盡其妙，難如人意。正因為此，我們精心打造了本書。

本書在較好地保存了《孫子兵法》原貌的基礎上，從全新的角度詮釋了《孫子兵法》的智慧。全書每一篇除有原文、譯文、闡釋外，還選編了古今中外《孫子兵法》運用於軍事、商業、為人處世等方面的經典案例進行解說。讀者在輕鬆閱讀的同時，可以快速領悟《孫子兵法》的精髓。

劉燁

第一篇 始計篇

　　《始計篇》是《孫子兵法》的首篇，是孫子軍事思想的支撐點。「計」即計謀，是戰爭取得勝利的關鍵。正如孫子所云：「夫未戰而廟算勝者，得算多也；未戰而廟算不勝者，得算少也。多算勝，少算不勝，而況於無算乎！」

原文

　　孫子曰：兵者，國之大事，死生之地，存亡之道，不可不察也。

　　故經之以五事，校之以計而索其情：一曰道，二曰天，三曰地，四曰將，五曰法。道者，令民與上同意也。故可與之死，可與之生，而不畏危。天者，陰陽、寒暑、時制也。地者，高下、遠近、險易、廣狹、死生也。將者，智、信、仁、勇、嚴也。法者，曲制、官道、主用也。凡此五者，將莫不聞，知之者勝，不知者不勝。故校之以計，而索其情。曰：主孰有道？將孰有能？天地孰得？法令孰行？兵眾孰強？士卒孰練？賞罰孰明？吾以此知勝負矣。

　　將聽吾計，用之必勝，留之；將不聽吾計，用之必敗，去之。計利以聽，乃為之勢，以佐其外。勢者，因利而制權也。

　　兵者，詭道也。故能而示之不能，用而示之不用，近而示之遠，遠而示之近。利而誘之，亂而取之，實而備之，強而避之，怒而撓之，卑而驕之，佚而勞之，親而離之。攻其無備，出其不意。此兵家之勝，不可先傳也。

　　夫未戰而廟算勝者，得算多也；未戰而廟算不勝者，得算少也。多算勝，少算不勝，而況於無算乎！吾以此觀之，勝負見矣。

譯文

　　孫子說：戰爭是國家的大事，關係到軍民的生死，國家的存亡，是不能不認真考慮、仔細研究的。

　　因此，必須透過敵我雙方五個方面的分析，七種情況的比較，得到詳情，來預測戰爭勝負的可能性：一是道，二是天，三是地，四是將，五是法。道，

是指君主和民眾目標相同，意志統一，則可使之為其出生入死，而不懼怕危險。天，指晝夜、陰晴、寒暑、四季更替。地，指地勢的高低，路程的遠近，地勢的險要、平坦與否，戰場的廣闊、狹窄，是否有利於攻守等。將，指將領足智多謀，賞罰有信，對部下真心關愛，勇敢果斷，軍紀嚴明。法，指軍隊的編制，物資的供應和管理制度的規定。對這五個方面，將領都要做深入了解，了解才能取勝，否則就不能取勝。所以，要從以下七種情況來分析比較敵我優劣，從而預測戰爭的勝負：哪一方的君主是有道明君，能得民心？哪一方的將領更有能力？哪一方占有天時地利？哪一方的法規、法令更能嚴格執行？哪一方的資源更充足、裝備更精良、兵員更廣大？哪一方的士兵訓練更有素、更有戰鬥力？哪一方的賞罰更公正嚴明？透過這些比較，就可以判斷戰爭的勝負了。

將領聽從我的計策，任用他必勝，我就留下他；將領不聽從我的計策，任用他必敗，我就辭退他。聽從了有利於克敵制勝的計策，還要創造一種有利的態勢，作為協助我方軍事行動的外部條件。勢，就是按照我方建立優勢、掌握戰爭主動權的需要，根據具體情況相應地採取不同的措施。

用兵作戰，就是詭詐之術。因此，有能力而要裝作沒有能力，本來準備要攻打而裝作不攻打，欲攻打近處卻裝作攻打遠處，攻打遠處卻裝作攻打近處。對方貪利就用利益誘惑他，對方混亂就趁機攻取他，對方強大就要防備他，對方暴躁易怒就激怒他而使其失去理智，對方小心謹慎就使他驕傲自大，對方體力充沛就使其勞累，對方內部親密團結就挑撥離間，要攻打對方沒有防備的地方，在對方沒有料到的時機發動進攻。這些都是軍事家克敵制勝的訣竅，只能隨機應變靈活運用，而無法事先講明。

凡是開戰之前預計能夠取勝的，是因為籌劃周密、取勝的條件充分；開戰之前預計不能取勝的，是因為籌劃不周、取勝的條件不充分。籌劃周密、條件充分，就能取勝；籌劃不周、條件不充分，就會失敗，更何況不作籌劃、沒有勝利的條件呢？我們根據這些來觀察，誰勝誰負就顯而易見了。

闡釋

　　本篇是《孫子兵法》的首篇，文章開篇明義：戰爭是關係到國家生死存亡的大事，應持謹慎態度。接著，孫子提出了著名的「五事」和「七計」，透過它來判斷戰爭勝負的情勢。

　　「五事」：

　　第一是「道」。即進行這場戰爭是否是正義的，是否得民心。「得道多助，失道寡助」，只有正義的戰爭，才能上下一致、生死同心。

　　第二是天時。氣候對戰爭的勝負有著重要影響。古今中外的許多著名戰例，均說明了這一點。第三是地利。是指地勢的高低，路程的遠近，地勢的險要、平坦與否等條件。

　　第四是將領。是指將領的智謀是否高深，是否誠信、仁愛、勇敢、嚴明。

　　第五是法規。是指軍隊的編制，官吏的任用，軍需的管理。

　　「七計」：

　　哪一方的君主是有道明君，能得民心？哪一方的將領更有能力？哪一方占有天時地利？哪一方的法規、法令更能嚴格執行？哪一方資源更充足、裝備更精良、兵員更廣大？哪一方的士兵訓練更有素、更有戰鬥力？哪一方的賞罰更公正嚴明？

　　孫子在強調了「五事」和「七計」之後，筆鋒一轉，點出了戰爭的特徵——「兵者，詭道也。」第一次從策略的高度肯定了詭詐用兵的重要性。「詭」，具體地說就是「攻其無備，出其不意」，這是戰爭取勝的重要條件。

　　古人云：「運籌帷幄之中，決勝千里之外。」

　　能廟算者，便能把握先機，掌握主動權。否則，一著失算，滿盤皆輸。

　　活學活用

■《始計篇》之一──「五事」與「七計」

一日道，二日天，三日地，四日將，五日法。

主孰有道？將孰有能？天地孰得？法令孰行？

兵眾孰強？士卒孰練？賞罰孰明？

《孫子兵法》與軍事──勾踐臥薪嘗膽

孫子日：「夫未戰而廟算勝者，得算多也；未戰而廟算不勝者，得算少也。多算勝，少算不勝，而況於無算乎！」這是強調「慎戰」和「重戰」，要求決策者在進行戰爭之前，要進行周密的計畫，對於「五事」、「七計」等進行評估和安排，做到「知己知彼」而百戰百勝。

春秋時期，吳越兩國為爭奪霸權，多次發生戰爭。西元前四九四年，吳國大勝越國。越國戰敗後，越王勾踐將治理國家的大權交給文種，自己和范蠡一道去吳國給夫差當奴僕，越國的王后也做了吳王夫差的女奴。勾踐為吳王駕車養馬，他的夫人為吳國打掃宮室。他們住在囚室，穢衣惡食，極盡屈辱而從不反抗。由於勾踐能卑事吳王，同時又賄賂吳太宰伯嚭，最後，勾踐終於取得了吳王的信任，三年後被釋放回國。

勾踐回國後，首先下了一道「罪己詔」，檢討自己與吳國結仇，使很多百姓在戰場上送命的錯誤。他還親自去慰問受傷的平民，撫養陣亡者的遺孤。他在坐臥的地方懸掛了苦膽，吃飯的時候也要先嘗嘗苦膽的滋味。他「身自耕作，夫人自織，食不加肉，衣不重采」。勾踐還針對越國戰敗，人口減少，財力耗盡的情況，制定了休養生息的政策以恢復國家的元氣。他明確規定：婦女懷孕臨產時，要報告官府，由官府派醫生去看護；生了男孩獎給二壺酒和一條狗；生女孩獎給二壺酒和一隻小豬。生三胞胎的由官府出錢請乳母，生雙胞胎由官府補貼糧食。凡死了嫡子的人家，免除三年勞役，死了庶子的，免除三個月勞役。由於改革內政，減輕賦稅，百姓每家都有三年的糧食儲備。由於勾踐實行了一系列「去民之所惡，補民之不足」的政策，越國百姓對他的感情，就如對父母一般。

　　勾踐在改革內政的同時，還開展了卓有成效的外交戰。對吳國，他繼續實行以退為進的策略，麻痺夫差。經常送給夫差優厚的禮物，表示忠心臣服，以消除夫差對越國的戒備，助其驕氣；同時又破壞吳國經濟，用高價收買吳國的糧食，造成吳國糧食困難；他用離間計使夫差對伯嚭偏聽偏信，對伍子胥更加疏遠，挑起其內部爭鬥。這些措施的實施，壯大了自己，削弱了敵人，為伺機滅吳奠定了基礎。

　　吳王夫差戰勝越國後，領土得到擴張，勢力日益強大，夫差也因勝而驕，過高地估計了自己的力量，看不到勾踐決心滅吳的意圖。他奢侈淫樂，窮兵黷武，急於以武力威脅齊、晉，以圖稱霸中原。西元前四八四年，夫差聞齊景公已死，便決定出兵北上伐齊。吳軍擊敗齊軍於艾陵。西元前四八二年，大差又約晉定公和各國諸侯七月七日到黃池會盟。夫差為了炫耀武力，圓其稱霸中原之夢，帶走了吳國三萬精銳部隊，只留下一些老弱的軍士同太子一起留守國內。夫差的空國遠征，給了越國以可乘之隙。越王勾踐在吳軍剛離國北上時，就想出兵攻吳。范蠡認為時機未到，他分析說：「吳王北會諸侯於黃池，精兵從王，國中空虛，老弱在後，太子留守，兵始出境未遠，聞越擊其空虛，兵還不難也。」他勸勾踐暫緩出兵。數月之後，范蠡估計吳軍已到黃池，便同意勾踐出兵。勾踐調集越軍五萬人，兵分兩路，一路由范蠡、後庸率領，由海道入淮河，切斷北去吳軍的歸路；一路由大夫疇無餘、謳陽為先鋒，勾踐親率主力繼後，從吳國南面邊境入吳直逼吳國都城姑蘇。

　　吳太子友得知越軍乘虛出擊吳國，急忙率兵到泓上阻止越軍的進攻。

　　太子友根據國內精銳部隊全部北上黃池的現實，決定採取不與越軍交戰，堅守待援的策略，同時派人請夫差盡快回軍。然而，當越軍先鋒到達時，吳將王孫彌庸一眼望見了被越軍俘獲的他父親的「姑蔑旗」在空中招展，不由得怒火中燒，也就顧不得太子友堅守疲敵的主張了。他率領他的部屬五千人出擊，打敗了越軍的先鋒部隊，俘虜了越大夫疇無餘、謳陽。首戰小勝，使吳將更加驕傲輕敵。不久，勾踐的主力到達，向吳軍發起了猛攻。越軍一舉擊敗吳軍，俘虜了太子友，進入姑蘇城。越軍繳獲了大批物資，取得了這場襲擊戰的勝利。

夫差在黃池正與晉定公爭當霸主，聽說越軍攻下姑蘇，太子被俘，怕影響霸業，就一連殺掉七個來報告情況的人，封鎖這一不利消息，並用武力威脅晉國讓步，勉強做了霸主。隨後夫差就急忙回軍。在回國的途中，吳軍連連聽到太子被殺、國都被圍等一系列失利的消息，軍士完全喪失了鬥志。夫差感到現在回國立即反擊越國沒有必勝的把握，就在途中派伯嚭向越求和。勾踐和范蠡估計了自己的力量還不能馬上把吳國消滅，於是同意議和，撤兵回國了。

夫差回到吳國，本想馬上報復越國，但是吳國由於連年戰爭，生產遭到破壞，財力消耗很大，國內又鬧災荒，因此，他感到一時還沒有實力對越實施報復。於是他宣布「息民散兵」，企圖恢復力量，待機再舉。

文種見吳國開始致力於增強國內經濟實力，便覺得越國應抓住有利時機及時完成滅吳大業，如果等到吳國經濟實力得到恢復，那麼戰勝吳國將更加困難。於是文種向勾踐建議，應抓緊目前吳軍疲憊，國內防務鬆弛的機會再次攻吳。勾踐採納了他的建議，於西元前四七三年乘吳國大旱，倉廩空虛之時，準備大舉攻吳。

戰前，勾踐徵求並採納了群臣關於明賞罰、備戰具、嚴軍紀、練士卒等建議，做了充分的臨戰準備。為了爭取人民的支持，他以為國復仇為號召，鼓勵出征者奮力作戰，留鄉者專心生產，並規定獨子及體弱有病者免服兵役，兄弟二人以上的留一人在家奉養父母。出師攻吳時，又宣布吳王夫差的罪狀，號召吳國人民反對夫差。

這年三月，越軍進軍到笠澤。吳國也發兵迎擊，兩軍隔江對峙。越國把軍隊分為左右兩翼，勾踐親率六千精兵為中軍。黃昏時，勾踐命左右二軍分別隱藏在江中；半夜時，二軍擊鼓吶喊，進行佯攻。夫差誤以為越軍兩路渡江進攻，連夜分兵兩翼迎戰。勾踐率主力偃旗息鼓，潛行渡江，出其不意地從吳軍兩路中間的薄弱部位展開進攻。吳軍大敗。越軍乘勝猛追，再戰於沒，三戰於郊。越軍三戰盡捷，使吳國軍事力量土崩瓦解，改變了吳強越弱的形勢。

　　吳軍在笠澤戰敗後，退而固守姑蘇。姑蘇城堅，越軍一時未能攻下。勾踐採取長期圍困的策略，使吳軍在二年後終於勢窮力竭。這時，越軍再次發起強攻，攻進姑蘇城。夫差率殘部逃到姑蘇台上，又被越軍包圍。他派人向勾踐求和，但越國君臣滅吳之心已定。夫差在無望之中自殺而死。越國終於取得了吳、越之戰的最後勝利。

《孫子兵法》與商業──克羅格的特色管理

　　「知之者勝，不知者不勝」，孫子用最淺顯的語言道出了一個深刻的道理。商場如戰場，企業經營成敗的關鍵在於是否迎合顧客的需求。要達到這一目的，企業必須充分利用市場調查這個手段，及時調整自己的生產，並且與市場之間建立經常性的情報聯繫，掌握主動，始終走在市場潮流的前端。

　　西元一八七三年，美國爆發金融危機。十三歲的伯納德‧克羅格輟學了，他沿街兜售咖啡，做著小本生意。他單薄的肩膀幫助父親緩解了家中的許多困窘。

　　克羅格二十歲的時候，用攢下的一筆錢，買了一家雜貨鋪。到了西元一八八三年，他開設了全美第一家連鎖店公司──大西方茶葉公司。又過了十年，他擁有了四十家商店和一個食品加工廠，並將公司更名為克羅格雜貨與麵包公司。

　　克羅格之所以能夠將生意迅速做大，重要的一點在於公司直接與顧客打交道，並始終以顧客需要為服務宗旨。

　　第二次世界大戰結束後，約瑟夫‧霍爾出任克羅格雜貨與麵包公司總裁。

　　霍爾將公司更名為克羅格公司，並一下子引進四十五種公司專賣商標，以加深顧客對公司商品的印象。

　　霍爾上任後主持了一項重大改革措施：顧客調查活動。

　　霍爾對他的員工們說：「無論什麼時候，都不能怠慢顧客。對公司應該開發什麼商品、增加哪些服務、使用什麼銷售手段等問題，最有發言權的就是顧客。」

為此，克羅格公司在所有收銀機旁安裝了「顧客投票箱」。顧客可以把自己對克羅格公司的意見和建議投入箱中，如需要哪種商品、哪種商品應如何改進、需要什麼專項服務等。一天，一名叫尼克森的顧客接到了來自克羅格公司的電話：「您可以到我們公司來挑選您中意的商品了。」

尼克森說：「謝謝，我經常到貴公司去買東西，你們最近又有什麼新的好東西嗎？」

「我們非常感謝您對公司的關心。您的建議被我們公司採納了，所以我們告訴您，您可以到我們公司來免費挑選您提出合理化意見的商品……」

原來，克羅格公司在每一張「票」上都留下了顧客的姓名和聯繫地址，一旦該顧客的建議被採納，即可終生免費在克羅格公司的商店裡享受該種服務或享用該種商品，還可以獲得公司贈予的優惠折扣消費卡，購買任何商品時都享受減價優待。

「投票箱」深受顧客歡迎，提建議者絡繹不絕。克羅格公司根據顧客的建議對症下藥，使公司每一種新上市的商品都能一炮而紅，公司的經營覆蓋區域迅速擴大到得克薩斯、明尼蘇達和加利福尼亞，一九五二年的銷售額突破十億美元。

《孫子兵法》與處世——王羲之放糧

在戰爭之前要進行周密的計畫，這是謹慎的表現。同樣，在為人處世中也需要凡事謹慎用心。多思考、多分析，才能一切順利。

晉代書法家王羲之做右軍將軍時，琅琊郡一帶連年大旱，莊稼顆粒無收，百姓忍饑挨餓，貪官豪紳卻過著荒淫奢侈的生活。

王羲之看在眼裡，心裡非常著急。他先是散盡了自家積蓄的糧食，但這並不能解決問題；他又催琅琊郡的大小衙門去奏請朝廷放糧救災。可那些貪官汙吏只是裝聾作啞，甚至閉門不見。王羲之情急之下，想出了一個好主意，他提筆寫了一道奏章，騎上一匹快馬，不分晝夜地向京城奔去。

這天，京城裡一片歌舞昇平的景象，皇帝與大臣們正在宮裡飲酒作樂，聽說王羲之來了，以為他是來進獻書法作品的，便傳他進宮。一會兒，王羲之進到宮裡，皇帝見王羲之手中果然拿著一卷東西，連忙叫人遞上來。

皇帝見是奏章，可沒有放在心上，只顧欣賞起王羲之的書法來。當他看到奏章中「放糧」二字時，徹底被王羲之矯若遊龍、起落有致的筆勢迷住了，忍不住說道：「放糧，好！好！」

「謝主隆恩！臣今日就去琅琊放糧。」王羲之等皇帝話音剛落，就跪在地上高聲說。

等皇帝明白過來是怎麼回事時已經晚了，於是只好將錯就錯，任命王羲之為欽差大臣，去琅琊放糧。

王羲之奉旨放糧，可把那些貪官汙吏、財主豪紳嚇慌了，他們紛紛湧進琅琊王府，求琅琊王為他們作主。

琅琊王眼珠子一轉，說道：「不必驚慌，你們可以湊些人扮成饑民模樣，去領王羲之發放的糧食嘛！」

這些傢伙聽了，連聲稱「妙」，一個個跪地叩頭謝恩後，急不可待地去蒐羅他們需要的「饑民」去了。

到了放糧這天，天未亮琅琊城就擠滿了人，喧鬧聲一浪高過一浪，王羲之放糧的衙門被圍了個水洩不通。

放糧時辰到了，王羲之出衙門一看，見擠到面前的那些饑民一個個細皮嫩肉、肥頭大耳的，不由得有點懷疑，便吩咐手下人去查一查。果然，那些擠在前面的人並不是饑民，而是琅琊王府的虞侯、郡州縣衙的聽差和那些地主富豪的狗腿子。

王羲之知道後，非常氣憤，正要發作，忽然又轉念一想，對付這些人還是智取為好。於是登高對人群朗聲說道：「本官原定今日在琅琊放糧，但是，據報告說，南邊東海郡比琅琊郡的災情更為嚴重，所以本郡暫不放糧了。請各位父老鄉親幫本官把這些糧食全部運到沂河邊，以待裝船南運。」

王羲之話音剛落，人群中立即出現了一陣騷亂，前面那些冒充饑民的傢伙很快鑽出了人群，垂頭喪氣地回去了。真正的饑民總是抱著一線希望，他們沒有馬上離開，他們也同情比琅琊郡災情更為嚴重的窮人，聽王羲之一說，便自覺組織起來抬的抬、扛的扛，沒多長時間就把糧倉裡的糧食全部運到沂河邊。

　　這時，留在沂河邊的人群中，肥頭大耳、細皮嫩肉的假冒饑民的人幾乎沒有了。王羲之面對人群，朗聲說道：「父老鄉親們，今天本官就在此放糧，誰運來的糧食就歸誰了，快拿回家過日子吧！」

　　王羲之隨機應變地改變了策略，擊敗了虞侯、郡州縣衙及地主老財們的詭計，順利地將糧食發放到了災民手中。

　　用兵作戰，就是詭詐之術。

▍《始計篇》之二——攻其無備，出其不意

　　「詭」，具體地說就是「攻其無備，出其不意」。

　　兵者，詭道也。

　　攻其無備，出其不意。

《孫子兵法》與軍事——鄭成功聲東擊西收臺灣

　　「攻其無備，出其不意」是歷代兵家所尊崇的致勝法寶。與敵交鋒，如果進攻敵人沒有準備的地方，發起出乎敵人意料的軍事行動，往往能夠打得敵人措手不及、防不勝防，從而一舉戰勝敵人。

　　臺灣被荷蘭統治數十年。西元一六六一年四月，成功率二萬五千將士順利登上澎湖島。要占領臺灣島，趕走殖民軍，必須先攻下赤崁樓。

　　鄭成功親自尋訪熟悉地勢的當地老人，了解到攻打赤崁樓只有兩條航

　　道可進：一條是攻南航道，這條道港闊水深，船隻可以暢道無阻，又較易登陸。但荷蘭殖民軍在此設有重兵，工事堅固，炮台密集，對準海面，另

一條是攻北航道，直通鹿耳門。但是這條航道海水很淺，礁石密布，航道狹窄。殖民軍還故意鑿沉一些船隻，阻塞航道。他們認為這裡無法登陸，所以只派少量兵力防守。鄭成功又進一步了解到，這條航道雖淺，但海水漲潮時，仍可以通過大船。於是決定趁漲潮時先攻下鹿耳門，然後繞道從背後攻打赤崁樓。

鄭成功計畫已定，首先派出部分戰艦，浩浩蕩蕩，裝作從南航道進攻。荷蘭殖民軍急忙調集大批軍隊防守航道。為了迷惑敵人，鄭成功的部隊聲勢浩大，喊聲震天，炮火不斷。成功地把殖民軍的注意力全部吸引到了南航道。北航道上一片沉寂，殖民軍以為平安無事。就在一個月明星稀之夜，鄭成功率領主力戰艦，神不知，鬼不覺，乘海水漲潮時從北航道迅速登上鹿耳門，守軍從夢中驚醒，發現已被包圍。鄭成功乘勝進兵，從背後攻下赤崁樓。

《孫子兵法》與商業──羅賓和「幸運糖」

在經營中，有時也可變通使用「詭道」，例如：為了擴大產品的影響，往往給顧客一些微小的利益，讓顧客增加了購買的興趣，便經常購買這種產品。應該說，這就足「利而誘之」的方法。

一九二〇年代，美國糖果商羅賓擁有一家糖果小廠和幾家小店，銷售狀況不理想。在眾多大廠的擠壓之下，他雖然使出渾身解數，但都成效甚微。面對銷量越來越少的局面，他整天都在想：怎樣讓小孩子都來買我的「香甜」牌糖果呢？

一天，他看到一群孩子玩遊戲，立即被吸引住了。孩子們把幾顆糖果平均放在幾個口袋裡，由一個公選的人把一支「幸運糖」（一顆大一些的糖）放進其中某個口袋裡，不許別人看見，然後大家隨意選一個口袋，有幸拿到「幸運糖」的人就要享受特權，即他是皇帝，其他人是臣民，每人要上供一顆糖……他思索著這種奇怪而有趣的遊戲規則，突然一個靈感闖入了他的腦海，他欣喜若狂。他思考了許久，有了一套宏偉的計畫。

當時，美國的許多糖果是以一分錢賣給小孩的。羅賓就在糖果裡包上一分錢的銅幣作為「幸運品」，並在報紙、電台打出口號：「打開，它就是你

的！」這一招很有效，因為如果買的糖中包有銅幣的話，就等於完全免費，孩子們都爭著買。羅賓把「香甜」這個名字也改為「幸運」。他除了大量投入生產外，還不惜血本招來許多經銷商，另外再大做廣告，將「幸運」糖描繪成一種可以獲得幸運機會的新鮮事物，並創造出一個可愛的小動物形象作為標誌，使人人都非常熟悉。因為方法奇特新穎，羅賓的糖果立即聞名全國，銷量像長了翅膀一樣，迅速上升。

其他糖果商在此啟發下，也蜂擁而上，紛紛模仿此法。羅賓就更進一步，買中「幸運」糖的人不僅免費，還可以獎勵幾顆糖。後來他的食品中還放上其他物品，諸如玩具、連環畫、手槍玩具等小物品。如此，羅賓糖始終處於同行前列，轉眼間他就擁有了八百多萬美元的資產。

《孫子兵法》與處世——張居崍誘盜

「詭道」，講究沉著冷靜，不顯露自己的真實動機，而後出其不意，後發制人。運用於為人處世，同樣具有深刻的指導意義。

明朝張崍峽任滑縣縣令時，有兩名江洋大盜任敬、高章來到縣城，冒充錦衣衛的使者拜見張崍峽，並且湊近張崍峽耳邊說：「朝廷有令，要張公處理有關耿隨朝的事情。」

原來當時有位滑縣人耿隨朝，擔任戶政科員，主管草場，因為發生火災，朝廷下令將他羈押在刑部的監牢裡。張崍峽聽到此事，更加相信二人的身分。張崍峽請二人到屋內休息，於是任敬拉著張崍峽的左手，高章擁著張崍峽的背，一起進入室內坐在炕上。二人突然取出匕首，架在張崍峽的脖子上。任敬摸著鬢角鬍鬚，笑著說：「張公不認識我吧！我是江湖上來的朋友，要向張公借用公庫裡面的金子。」

張崍峽抑制住內心的緊張，裝出替他們著想的樣子說：「你們不是為了報仇，我也不會為了財物犧牲自己性命。不過你們這樣暴露自己的真實身分，如果被人發現，對你們可相當不利！」

兩個強盜聽了覺得很有道理。

張崐崍又進一步說：「公庫的金子有人看管，容易被發覺，對你們不利。我有一個辦法，就是我向縣裡的有錢人借貸，這樣你們可以安然無事，也不至於連累我的官職，豈不兩全其美？」

兩個強盜聽了更加贊同張崐崍的辦法。就這樣，張縣令不露聲色地穩住了強盜，並取得了他們的信任與合作，同時一條妙計醞釀成熟。

張縣令傳令屬下劉相前來，劉相到後，張崐崍假意說：「我不幸發生意外，如果被抓去，會很快被處死。這兩位是錦衣衛，他們不想抓我，我很感激他們，想拿五百兩黃金給他們，以表心意。」

劉相聽了，目瞪口呆，說：「到哪裡去弄這麼多錢？」

張崐崍說：「我常看到你們縣裡的人，很有錢而且急公好義，我請你替我向他們借。」

張崐崍拿出筆來，一共寫了九個人，正好數量符合。所寫的這九個人，實際上都是衙役。

劉相看了以後，恍然大悟。不一會，名單上列出的九個人，一個個穿著華麗的衣服，像富貴人家的子弟，手裡捧著用紙包著的鐵器，先後來到門口，假裝說：「張公要借的金子都拿來了，因為時間太緊迫，沒有湊足所要的數目，實在過意不去。」一邊說，一邊裝出哀求的樣子。

兩位強盜聽說金子到了，又看到這些人果然都像有錢人的樣子，就很高興地說：「張公真的不騙我們。」

張崐崍趁兩個強盜查看金子的時候，急忙脫身。並大喊抓賊，九個衙役，一擁而上，兩個強盜防不勝防。其中一個被抓，另一個自殺身亡。

第二篇 作戰篇

本篇名為「作戰」。「作」，《廣雅・釋詁》云：「作，始也。」故「作戰」乃是指戰爭之始也，即戰爭前的各種準備。《作戰篇》主要論述了戰爭對人力、物力、財力的依賴關係，提出了「兵貴勝，不貴久」的策略思想。

善用兵的人，不用再次徵集兵員，不用多次運送軍糧。

那麼，如何補充兵員和糧草呢？

從敵人那裡設法奪取，這樣一切就都充足了。

原文

孫子曰：凡用兵之法，馳車千駟，革車千乘，帶甲十萬，千里饋糧；則內外之費，賓客之用，膠漆之材，車甲之奉，日費千金，然後十萬之師舉矣。

其用戰也勝，久則鈍兵挫銳，攻城則力屈，久暴師則國用不足。夫鈍兵挫銳、屈力、殫貨，則諸侯乘其弊而起，雖有智者，不能善其後矣。故兵聞拙速，未睹巧之久也。夫兵久而國利者，未之有也。故不盡知用兵之害者，則不能盡知用兵之利也。

善用兵者，役不再籍，糧不三載；取用於國，因糧於敵，故軍食可足也。國之貧於師者遠輸，遠輸則百姓貧。近於師者貴賣，貴賣則百姓財竭，財竭則急於丘役。力屈、財殫，中原內虛於家。百姓之費，十去其七；公家之費，破車罷馬，甲冑矢弩，戟盾矛櫓，丘牛大車，十去其六。故智將務食於敵，食敵一鍾，當吾二十鍾；稈一石，當吾二十石。

故殺敵者，怒也；取敵之利者，貨也。故車戰，得車十乘已上，賞其先得者，而更其旌旗，車雜而乘之，卒善而養之，是謂勝敵而益強。

故兵貴勝，不貴久。

故知兵之將，民之司命，國家安危之主也。

譯文

孫子說：用兵作戰，需做的物資準備有：戰車千輛，輜重車千輛，全副武裝的士兵十萬，並向千里之外運送糧食。那麼前後方的軍內外開支，招待使節、策士的費用，用於武器維修的膠漆等材料費用，保養戰車、盔甲的支出等，每天都要耗費數目龐大的資金，然後十萬大軍才能出動。

因此，軍隊作戰就要速勝，如果拖得太久則軍隊必然疲憊，喪失銳氣。一旦攻城，則兵力將耗盡，大部隊長期在外作戰必然導致國家財物不足。如果軍隊因持久戰疲憊不堪，銳氣受挫，軍事實力耗盡，國內物資枯竭，其他諸侯必定趁火打劫。這樣，即使足智多謀之士也無良策來挽救國家的危亡了。所以，在實際作戰中，只聽說將領缺少計謀難以速勝，卻沒有見過指揮高明巧於持久作戰的。戰爭持久對國家有利是從來沒有過的。所以，不能完全了解用兵的不利方面的人，也就不能完全了解用兵的有利方面。

善於用兵的人，不用再次徵集兵員，不用多次運送軍糧。武器裝備由國內供應，從敵人那裡設法奪取糧食，這樣軍隊的糧草就可以充足了。國家之所以因作戰而貧困，是由於軍隊遠征，不得不進行長途運輸。長途運輸必然導致百姓貧窮。臨近軍隊駐地的地區，物價必然高漲。國家財政枯竭，則賦稅和勞役必然加重。戰場上軍力耗盡，國內財政枯竭，物價飛漲就會使百姓財產損耗十分之七，國家的財產也會由於車輛破損，馬匹疲憊，盔甲、弓箭、矛戟、盾牌的損失，而耗去十分之六。

所以，明智的將帥，務求在敵國補給糧食，從敵國得到一鍾的糧食，就相當於從本國運送二十鍾；在當地取得飼料一石，相當於從本國運輸二十石。

所以，要使士兵拚死殺敵，就要激勵部隊的士氣；要使士兵勇於奪取敵方的軍需物資，就必須獎賞士卒。所以，在車戰中，凡繳獲戰車十輛以上，要獎賞最先奪取戰車的人，並更換戰車上的旗幟，把繳獲的戰車編入我方車隊。要善待俘虜，使他們有歸順之心。這就是所謂的戰勝敵人而使自己強大的方法。

　　所以，作戰最重要、最有利的是速勝，最不宜的是持久作戰。真正懂得用兵之道、深知用兵利害的將帥，掌握著民眾的生死，主宰著國家的安危。

闡釋

　　孫子在此提出了「兵貴勝，不貴久」的策略思想。他首先分析了在出兵前應做的各項準備工作。他認為對敵用兵，不宜打持持久戰，應當速戰速決。因為，任何一場戰爭都不止是交戰雙方軍事實力的較量，還依賴於綜合國力的強弱。軍隊長期在外作戰，必然造成國家財力枯竭，長期消耗，戰爭必敗無疑。

　　其次，孫子還注意到了運輸的問題。在外作戰，補給必不可少，可是從本國運輸糧草要花費巨大的人力物力。因此，他又提出了「因糧於敵」的主張，即利用敵國的糧草滿足己方的需求，不但削弱了敵方的力量，也大大減輕了本國人民的負擔。將「智將務食於敵」的道理推而廣之，又得出「以戰養戰」、「就地取材」的計謀。

　　孫子云：「國之貧於師者遠輸，遠輸則百姓貧。」而「因糧於敵」，不但可以免去長途運輸糧食的辛勞和耗費，還可以削弱敵方的糧食供給，動搖敵人的軍心，為最後戰勝敵人創造有利條件。

　　活學活用

▎《作戰篇》之一——善用兵者，因糧於敵

　　善用兵者，役不再籍，糧不三載；

　　取用於國，因糧於敵，故軍食可足也。

　　故智將務食於敵。

　　食敵一鐘，當吾二十鐘；秆一石，當吾二十石。

《孫子兵法》與軍事——諸葛亮草船借箭

富有軍事才幹的將領，不會多次從本國運送糧食輜重等作戰物資，而是從敵國獲取。如此，既可以節省從本國運輸所花費的巨額開支，又能夠削弱敵國的物資保障，可獲一舉兩得之功效。

周瑜是東吳孫權手下的大將，足智多謀，但心胸狹窄。他十分嫉妒諸葛亮的才華，認為諸葛亮輔佐劉備，不久將成為東吳大患，因而起了殺心。周瑜以孫劉兩家合力抗曹的名義，督促諸葛亮在三日之內造十萬枝箭。在他看來，此事絕難完成，到那時便可藉此殺了諸葛亮。沒想到諸葛亮滿口答應，並與周瑜立下了軍令狀。

魯肅仁厚善良，不忍看周瑜謀害諸葛亮，便前去拜見諸葛亮。諸葛亮說：「我只希望你借我二十艘船，每船要三十個人，扎一千個草人擺在船的兩邊，如此這般，你就可救我一命了。」

魯肅不解其意，但為了挽救諸葛亮的性命，便爽快地答應下來。

魯肅依諸葛亮的要求送去船、人和草人。但諸葛亮那邊毫無動靜，似乎忘記了造箭之事。直到第三天的半夜，才見諸葛亮派人來請魯肅，魯肅見了面問：「你要我來有何用意？」諸葛亮說：「特意請你來和我一起取箭去。」魯肅更加迷惑不解，心想：三天未見你打造出一枝箭，現在卻突然說要去取箭，能到哪裡取呢？只聽諸葛亮對他說：「你不要問了，跟我來便是了。」隨後諸葛亮下令把二十艘船用長繩索連好，然後上船直往長江北岸開去。此時天降大霧，長江之上霧氣瀰漫，能見度極低。魯肅不安地說：「我們人單力孤，曹兵若殺出來怎麼辦？」諸葛亮回答：「霧這麼大，曹操肯定不敢派兵出來。我們只顧飲酒好了。」

再說曹操見為數不多的船乘霧駛來，料定後面必有埋伏，命令士兵不可輕舉妄動，只讓弓箭手開弓放箭。箭都射到東吳船上的草人上。待到日出霧散時，只見二十艘船已插滿了箭，每船約有五千多枝，總數十萬有餘。諸葛亮下令收船速回，又讓船上士兵高聲吶喊：「謝曹丞相送箭。」

船上南岸，諸葛亮對魯肅說：「周瑜叫我造出十萬枝箭，卻不提供工匠和材料，其用意很明顯是藉機殺我。我算定今夜有大霧，故驅草船向曹操借箭。周瑜算計我尚應仔細籌劃才是。」魯肅這才恍然大悟，不禁讚歎諸葛亮的智謀高妙。周瑜得知後，感慨地說：「諸葛亮神機妙算，我實在不如他啊！」

《孫子兵法》與商業──經營奧運會的高手

「以戰養戰」、「就地取材」是古代用兵常採取的一種策略。洛杉磯奧運會之前舉辦的所有奧運會都是賠錢的，沒有國家願意舉辦，然而尤伯羅斯看到了它的無限商機，他利用「以會養會」的方式，拉贊助、賣播映權，不但成功地舉辦了奧運會，而且從此開了奧運會賺大錢的先河。

一九八四年，第二十三屆奧林匹克運動會在洛杉磯舉行，尤伯羅斯就任洛杉磯奧委會組委會主席，主持籌辦洛杉磯奧運會。尤伯羅斯應徵經營奧運會不久就公開宣稱，政府不掏一分錢的洛杉磯奧運會將是有史以來財政上最成功的一次。尤伯羅斯誇下如此海口，使不少舉辦過奧運會的人目瞪口呆。

因為，自從一九三二年洛杉磯奧運會以來，規模大、奢華和浪費，便成為舉辦奧運會的一種時髦和趨勢。舉辦一次奧運會要幾億美元的投入，已屬於見怪不怪的現象了。尤伯羅斯如此說法，難怪人們不敢相信了。

其實尤伯羅斯絕不是口出狂言，他已成竹在胸。尤伯羅斯查閱了歷屆奧運會舉辦情況的資料，他看到，前幾屆奧運會之所以耗資巨大、虧損嚴重，主要是由於必須負擔龐大的建築設施成本。他看到洛杉磯有現成的各種運動場地，同時，這裡三所大學的學生宿舍可以作為選手下榻的奧運村，所有這些基本的大宗項目幾乎都不必另行建設。剩下的就是如何充實一些必要的設施了。尤伯羅斯決定實行各個項目直接由贊助者贊助設施的辦法。

與經濟界的贊助者打交道是尤伯羅斯的拿手好戲。尤伯羅斯親自談判一宗宗贊助合約，運用他的推銷才能，挑起同行業之間的競爭。

一開始，尤伯羅斯對贊助者提出了很高的要求。

這些聽起來苛刻的要求非但沒有嚇走贊助者，反而對贊助者具有更大的誘惑力，結果是贊助者紛紛前來，一時間贊助成了一大熱門。其中索斯蘭公司最急於加入贊助者的隊伍，甚至還沒搞清它要贊助的一座室內賽車場是什麼模式，便答應了組委會提出的條件。

最後，尤伯羅斯以五個贊助者選一個的比例選定了三十家贊助廠商。這些贊助單位都欣然應允將使洛杉磯奧運會擁有最先進的體育設施。

金額最大的一筆交易是尤伯羅斯和美國廣播公司做成的。尤伯羅斯實行了美國三大電視網爭奪獨家播映權的辦法，最後美國全國廣播公司出資二點二五億美元奪得播映權。尤伯羅斯還以七千萬美元的價格把奧運會的電台轉播權分別賣給了英國、澳大利亞等。從本屆洛杉磯奧運會開始，廣播電台免費轉播體育比賽的慣例被打破了。

一九八四年奧運會是奧運史上最成功的一次，這不但表現在財政有所盈餘，更表現於這屆奧運會是奧林匹克史上規模最大的一次盛會。尤伯羅斯以經營企業的手法籌辦奧運會，取得了巨大成功，以後的歷屆奧運會也深深地打上了尤伯羅斯的印記。

《孫子兵法》與處世——見村善三無本生利

「用別人的錢來賺錢」，也是一種「以戰養戰」的方式。一般人是用手裡的資金去賺錢，「用別人的錢來賺錢」的人則是用自己頭腦中的知識、智慧去致富。因此，只有將眼光敏銳、頭腦靈活、經驗豐富、膽識過人四點集於一身之人，才能靠此方法謀富制勝。

為了開發地產，為地方也為自己牟取利益，見村善三專門對土地作了深入的調查：工業化的社會真是一寸土地一寸金。地價的昂貴使許多辦實業的人畏縮不前。然而他發現，在都市外，不是全部土地都昂貴得嚇人，也有比較便宜的，它們或是圈在別人土地中的死地，或是交通不便的偏地，或是賣不出去的廢地，這些都是值得開發利用的。於是他的腦海裡便逐漸形成一個絕妙的「借雞生蛋」的計畫：借用這些廉價土地，租給需要辦廠而缺乏廠房的人。

說做就做，見村善三逐一訪問了廉價土地的主人，向他們提出改造和利用它們的計畫：不必出賣，見村善三負責在上面建造廠房，租給企業家。土地主人則可以從見村善三手裡每月坐收相當單純出租土地十倍的租金，土地主人聽到這些誘人的條件，沒有一個不舉雙手贊成的。

土地問題解決了，就要找需要廠房的企業家。見村善三立即成立了見村地產開發公司，積極開展推銷業務。在廉價土地上建造的廠房，租金要比熱鬧的街市便宜得多，要找到客戶並不困難。見村很快就把自己、土地主人、企業家三家的利益分配關係明確公布出來：見村善三從租用廠房的企業家手中收取租金，扣除租用土地代辦費和廠房分攤償還金，所剩即為土地主人收入，換句話說，廠房租金和土地主人租金的差額，除去造廠房的費用，所剩代辦費等即為見村善三的收益。土地主人、企業家覺得此分配方案既合理又誘人，很快與見村善三協議簽約。之後見村善三便向銀行貸款，開始造房，並嚴格遵守到期歸還貸款及其利息的規定。

不出見村善三所料，這樣，不但給土地主人、企業家、銀行和自己帶來利益，還為地方帶來繁榮，因而得到社會各方面的大力支持，見村地產開發公司業務發展極為迅速。光代辦費一年即達二十多億日元。資金雄厚了，見村善三不再需要貸款了。由於企業家和土地主人紛紛上門洽談業務，見村善三抓住時機，從建造小廠房發展為建造大廠房，進而營造起占地廣闊的工業區來。就這樣，借雞生蛋，無本生利，加上經營得法，見村善三成了大富翁。

任何一場戰爭不僅是交戰雙方軍事實力的較量，還有賴於綜合國力的強弱。軍隊長期在外作戰，必然造成國家財力的枯竭；長期消耗，戰爭必敗無疑。

▌《作戰篇》之二——兵貴勝，不貴久

故兵貴勝，不貴久。

故知兵之將，

民之司命，國家安危之主也。

《孫子兵法》與軍事——趙匡胤奪取清流關

「兵貴神速」。在戰爭中，速度往往是取勝的關鍵，一支靈活的部隊憑藉行動迅速可以擊垮比它大得多的部隊。在中國歷史上，用兵速勝的例子不勝枚舉。

西元九五六年，後周皇帝周世宗決定親征淮南。淮南是南唐主李璟所屬的地方。擔任先鋒一職的是趙匡胤。

趙匡胤，生於後唐天成二年（西元九二七年），祖籍涿州，世代為將。成年後不久，他毅然告別家人，投入後漢樞密使郭威帳下。由於他作戰勇猛、足智多謀，很得郭威的賞識。郭威在西元九五一年奪取後漢政權，改國號為後周後，將其提升為東西班行省，成為禁軍中一名較有聲威的指揮官。周世宗即位後，他與張永德等共掌禁兵。

趙匡胤親率先頭精銳部隊，迅速地向李璟的淮南地區挺進，首先在渦口大敗南唐軍，斬殺南唐都監何延錫等人。南唐大驚，忙派節度使皇甫暉、姚鳳領兵十萬，據守清流關，阻止周軍前進。

清流關在滁州的西南面，倚山負水，地勢險峻。皇甫暉、姚鳳擁十萬之眾固守在那裡，更顯得堅固萬分，縱有雄兵猛將，也很難將其攻破。果然，有人將消息報知周世宗，周世宗心中十分為難，以為此關不容易破。

趙匡胤卻挺身奏道：「微臣願帶兵出戰，奪取清流關。」

周世宗說道：「愛卿雖然英勇非凡，足智多謀，但清流關極其堅固，用什麼辦法可以攻取呢？」

趙匡胤回答說：「兵貴神速，突然發兵迅速推進，攻其不備，便可以一鼓作氣奪取清流關，生擒二人。」

周世宗讚許道：「朕也想用此計奪取清流關。現在聽到你的意見與我一致。我想，只要愛卿前往，一定能穩操勝券了。既然如此，事不宜遲。愛卿立即領兵前往，不得延誤，朕在這裡靜候佳音。」

趙匡胤領了命令，點齊兩萬人馬，連夜向清流關疾奔。天快亮時周軍已抵達關下。趙匡胤一聲令下，周軍把一座清流關圍了個水洩不通，關上守軍還在睡覺呢。直到雞叫三遍，旭日東昇，守軍們才起床，派人出關偵察。不料門一開，偵騎還未出去，突然湧入一員大將，猛吼一聲，躍馬橫刀，逢人便殺，銳不可當，緊跟著他的周兵也一窩蜂地闖進關來，人人恐後，個個爭先，趕殺守軍。這些守軍，沒有想到周軍這麼快就到了清流關，個個手足無措，魂飛喪膽，哪裡還敢抵抗，只是鼠竄般地四散奔逃。

皇甫暉、姚鳳二人剛剛起床，聽說周兵已入關，慌忙出屋，飛身上馬，向滁州逃去。可憐這十萬唐軍，被周兵大刀闊斧殺得奔逃無路，躲避無門，早已死傷了大半。僅有一小半逃得快的，僥倖留得性命，跟著他們的主帥，逃進了滁州城裡，十萬唐軍只剩下了四萬人。趙匡胤以快取勝，奪取了清流關。

《孫子兵法》與商業 —— 商場「快槍手」哈默

在企業生產經營中，「兵貴神速」也很有指導意義。這是強調速戰，抓住戰機，提高效率，用高效率擊敗對手來贏得顧客。對於企業來說，時間就是金錢，效率就是生命。

哈默是商場「快槍手」，他總是不失時機地從一個領域轉到另一個領域，畢生先後從事過製藥業、石棉開採、銀行業、百貨、商店、釀酒業等。

一次偶然的機會，哈默走進一家蘇聯商店，想買一枝鉛筆。售貨員遞給他一支德國產鉛筆，價錢貴得驚人，比美國鉛筆要貴十倍。哈默馬上想到，在疆土如此遼闊的蘇聯，連鉛筆這種小文具也要進口，可見蘇聯制筆工業相當落後。事後一打聽，果然不假，蘇聯當時只有一家鉛筆廠，而且質量差、產量低，遠遠滿足不了市場需要。蘇聯當時有一億人口，政府正號召工農大眾學文化，鉛筆需求量很大。

哈默了解了這個情況後，決定在蘇聯創辦一家鉛筆廠。他正式向蘇聯政府提出辦廠申請，並很快得到了批准。哈默不愧為商界「快槍手」，拿到批文後，馬上三管齊下，進行辦廠。首先，以最快速度從德國請來製造鉛筆的

技術師巴伊爾，並委託他以最快的速度招兵買馬，壯大力量；其次，以最快速度從英國運來生產機器；第三，以最快速度在蘇聯選定廠址。

經過一番努力，哈默的鉛筆廠正式投產運轉。哈默以快取勝，該廠生產的鉛筆價廉物美，很受蘇聯人的歡迎，沒過多久就風靡全蘇聯，將德國產的鉛筆擠到了被市場遺忘的角落。

《孫子兵法》與處世──巴爾札克成功的祕訣

速度，不僅在戰場上很重要，對為人處世同樣重要。生活中，講求速度，就是要珍惜時間。時間是每個人最寶貴的財富，它不能儲存，也不能逆轉，是一種一次性的消耗品。生命是由時間組成，珍惜時間就是珍惜生命。

巴爾札克原本是個學法律的律師，但是，有一天卻突然向他的家庭宣布他想當一個作家。他的父母堅決反對，還聯合了他們所有的親戚朋友來反對他。在長時間的激烈爭論後，他們這個家庭達成了小資產階級獨特的折衷──巴爾札克可以走他的路，但這條路怎麼走完全是他自己的事。父母在未來兩年內向他未經證實的能力付一點補貼，倘若兩年期滿他未能如願，那就請他毫不遲疑地回到律師事務所中去。

經過周密的計算，按最低生活標準，巴爾札克的父母同意每月提供一百二十法郎即一天四法郎，作為他們兒子在未來跋涉中的生活費。

巴爾札克把自己的每一天都當成了最後一天去努力工作，他從圖書館借了幾十本書，放在案頭研讀。巴爾札克與生俱來頭一次給自己規定了一件固定的工作，沒有任何事物可以阻止它。他經常三四天不離開屋子，沒日沒夜地在案頭筆耕。如果出門的話，那也只是給他疲勞過度的神經補充一點刺激──買些咖啡、麵包、水果。他一連好幾天在床上寫作，只是因為可以節省時間。整個創作季節裡，公園、遊樂場、飯館和咖啡館都離他的生活很遠。

兩年後，巴爾札克終於憑藉自己的本事拿到了第一筆稿費，並從此一發而不可收，成為法國歷史上最偉大的批判現實主義作家。

第三篇 謀攻篇

　　《謀攻篇》所講的內容既是軍事謀略，又是政治和外交謀略。在孫子看來，要征服敵國，可以採取軍事手段，以戰爭解決問題，但這卻不是最高明的做法；只有兵不血刃而達到目的，「不戰而屈人之兵」，才是兵家最高明的手段。

　　孫子云：「是故百戰百勝，非善之善者也；不戰而屈人之兵，善之善者也。」戰而屈人之兵，需要的是一種戰鬥的勇氣和必勝的信念；不戰而屈人之兵，需要的是高超的智謀。

原文

　　孫子曰：凡用兵之法，全國為上，破國次之；全軍為上，破軍次之；全旅為上，破旅次之；全卒為上，破卒次之；全伍為上，破伍次之。是故百戰百勝，非善之善者也；不戰而屈人之兵，善之善者也。

　　故上兵伐謀，其次伐交，其次伐兵，其下攻城。攻城之法，為不得已。修櫓轒輼，具器械，三月而後成；距堙，又三月而後已。將不勝其忿而蟻附之，殺士三分之一，而城不拔者，此攻之災也。

　　故善用兵者，屈人之兵而非戰也，拔人之城而非攻也，毀人之國而非久也，必以全爭於天下，故兵不頓而利可全，此謀攻之法也。

　　故用兵之法，十則圍之，五則攻之，倍則分之，敵則能戰之，少則能逃之，不若則能避之。故小敵之堅，大敵之擒也。

　　夫將者，國之輔也，輔周則國必強，輔隙則國必弱。故君之所以患於軍者三：不知軍之不可以進而謂之進；不知軍之不可以退而謂之退，是謂縻軍。不知三軍之事，而同三軍之政者，則軍士惑矣。不知三軍之權，而同三軍之任者，則軍士疑矣。三軍既惑且疑，則諸侯之難至矣，是謂亂軍引勝。

　　故知勝有五：知可以戰與不可以戰者勝，識眾寡之用者勝，上下同欲者勝，以虞待不虞者勝。將能而君不御者勝。此五者，知勝之道也。

故曰：知彼知己，百戰不殆；不知彼而知己，一勝一負；不知彼不知己，每戰必殆。

譯文

孫子說：戰爭的一般原則是，使敵人舉國降服是上策，用武力擊敗敵國就略遜一籌；使敵人全軍降服是上策，擊敗敵軍就略遜一籌；使敵人全旅降服是上策，擊敗敵旅就略遜一籌；使敵人全卒降服是上策，擊敗敵卒就略遜一籌；使敵人全伍降服是上策，擊敗敵伍就略遜一籌。所以，百戰百勝，算不上是最高明的；不透過交戰就能使敵人降服，才是最高明的。

所以，用兵的上策是以謀略勝敵，其次是透過外交手段取勝，再次是使用武力戰勝敵人，最下策是攻打敵人的城池。攻城，是不得已而為之，是沒有辦法的辦法。製造攻城的大盾牌和四輪車，準備攻城的所有器具，起碼得三個月。堆築攻城的土山，起碼又得三個月。如果將領難以控制焦躁情緒，命令士兵像螞蟻一樣爬牆攻城，儘管士兵死傷三分之一，而城池卻依然沒有攻下，這就是攻城帶來的災難。所以，善於指揮作戰的人，使敵人屈服不是靠硬打，奪取敵人的城池不是靠硬攻，毀滅敵人的國家不是靠持久戰，一定要用「全勝」的策略爭勝於天下，這樣軍隊不至於疲憊受挫，而勝利可以圓滿取得，這就是謀劃進攻的法則。

因此，用兵打仗的戰術方法是：我方的兵力十倍於敵人時，便把敵軍圍困起來加以殲滅；我方的兵力五倍於敵人時，便對敵軍發起猛烈攻擊；我方的兵力二倍於敵人時，就要設法戰勝敵軍；敵我雙方的兵力相當時，就要設法分散敵軍各個擊破；我方的兵力少於敵軍時，就應該設法防守；我方的實力不如敵軍時，就應該避免與其交戰，因為，弱小的軍隊如果一味硬拚，就必然被實力強大的軍隊制服擒獲。

將帥是國家的支柱，對國君輔佐得周詳嚴密，國家就必定強盛；輔佐得有缺陷漏洞，國家就必然衰弱。

國君對軍隊的危害有三種：軍隊不能夠進攻而強迫軍隊進攻，軍隊不能夠撤退而命令軍隊撤退，這是對軍隊的束縛；不懂得軍隊的管理，卻干預軍

隊的管理政務，就會使將士們困惑不解，不懂得軍隊作戰的權謀變化，而參與軍隊的指揮，就會使將士們疑慮重重。全軍上下既迷惑又疑慮，各諸侯國乘機進犯的災難就會到來了。這就是所謂的自亂軍隊，而在無形中使敵國取勝。

所以，預見勝利有五個方面：能準確判斷仗能打或不能打的，勝；知道根據敵我雙方兵力的多少採取對策者，勝；全國上下，全軍上下，意願一致、同心協力的，勝；以有充分準備來對付毫無準備的，勝；主將精通軍事、精於權變，君主又不加干預的，勝。以上就是預見勝利的方法。

所以說，既了解敵人，又了解自己，便能百戰百勝；不了解敵人只了解自己，勝敗可能各半；不了解敵人，也不了解自己，那就會每戰必敗。

闡釋

《謀攻篇》所講的內容既是軍事謀略，又是政治和外交謀略。在孫子看來，要征服敵國，可以採取軍事手段，以戰爭解決問題，但這卻不是最高明的做法。他指出，即使「百戰百勝」也非「善之善者」，只有兵不血刃而達到目的，「不戰而屈人之兵」，才是兵家最高明的手段。孫子崇尚的是謀略，而不是鐵血殺戮，因而提出了「上兵伐謀，其次伐交，其次伐兵，其下攻城」的軍事理論。

接著，孫子提出國君與軍隊之間的關係，主張國君不宜干涉軍隊的具體指揮事務，否則將會自亂其軍而使敵人獲勝。孫子還提出了判斷勝利的五種方法：「知可以戰與不可以戰者勝，識眾寡之用者勝，上下同欲者勝，以虞待不虞者勝，將能而君不御者勝。」這五個條件與《始計篇》中的「五事」和「七計」相輔相成，體現了孫子思想的完整性。

最後，孫子提出了本篇另一著名的軍事思想：「知彼知己，百戰不殆；不知彼而知己，一勝一負；不知彼，不知己，每戰必殆。」如今，這一思想的價值已遠遠超出了軍事領域，被運用於處世、經商等各個方面，並且取得了極大的成功。

活學活用

《謀攻篇》之一——不戰而屈人之兵，善之善者也

百戰百勝，非善之善者也；不戰而屈人之兵，善之善者也。

善用兵者，屈人之兵而非戰也，拔人之城而非攻也，

毀人之國而非久也，必以全爭於天下。

《孫子兵法》與軍事——燭之武退秦師

兵法中講「上兵伐謀」，是指利用謀略而避免力拚從而取得勝利。所謂「善之善者」，是指那些運用高超的謀略、傑出的智慧，運籌帷幄，決勝千里的人。

西元前六三〇年，晉國晉文公在城濮之戰中戰勝楚國之後，已在諸侯中贏得了霸主地位。這一年，晉文公因記起鄭國在城濮之戰中曾加盟楚國，出兵參戰與他為敵的新仇，加之他曾在流亡時期經過鄭國而沒有受到鄭國禮遇的舊恨，於是極為惱怒，聯合了秦穆公進攻鄭國。

鄭國是一個小國，在秦、晉兩大國軍隊兵臨城下的危急時刻，鄭國國君鄭文公連夜召集文武百官商量對策。文官武將們一致認為，以鄭國的實力，是不足以抵抗秦、晉兩國軍隊的聯合進攻的，最好的辦法是派出使者，從秦、晉二國的關係上做文章，曉以利弊，說服秦國退兵。這樣，晉國便孤掌難鳴，極有可能會停止對鄭國的進攻。

鄭文公採納了這一退兵策略，決定派富有外交經驗，善於辭令的大臣燭之武前去說服秦國退兵。

當時，秦國的軍隊駐紮在城東，晉軍駐紮在城西。當夜，鄭國守城的官兵將繩子繫在燭之武的腰上，把他送下城，燭之武出城後，直奔秦軍營前，要求見秦穆公。穆公侍衛將他帶到秦穆公面前。燭之武見到秦穆公，便開門見山地對秦穆公說：「秦、晉二國的軍隊包圍了鄭國，鄭國知道自己即將滅亡了，如果鄭國滅亡對秦國有好處的話，我就不用來見穆公您了。」接著，燭之武從晉、秦、鄭三國的地理位置入手，分析滅鄭對秦、晉之利弊。他接著說：「您知道，我們鄭國在東、秦國在西，中間隔著晉國，鄭國滅亡以後，

秦國能越過晉國的國土來占領鄭國嗎？我們疆土將只能被晉國占領。秦晉兩國本來力量相當，勢均力敵。如果晉國得到了鄭國的土地，它的實力就會比現在更強大，而貴國的勢力也將相應地減弱。您現在幫助晉國強大起來，對貴國只有百害而無一利，將來只會反受其害。況且，晉國的言而無信您難道忘了嗎？當年晉惠公在逃亡中曾請求穆公您的幫助，答應在事成之後以黃河以外的五座城作為酬謝。於是您幫助他回國做了國君，晉惠公回國後不僅賴掉了這些許諾，而且修築城牆準備與秦對抗。現在晉國天天擴軍備戰，其野心不會有滿足的時候。他們今天滅了鄭國，往東面擴大了自己的疆土，難保明天不會向西邊的秦國擴張。您如果解除對鄭國的包圍，我們鄭國將與秦國交好。今後，貴國使者經過鄭國的時候，我們一定盡地主之誼，好好招待貴賓。這對你們有何危害呢？」

燭之武的一番話，講得有理有據，利害分明，使秦穆公意識到滅鄭確實於己無利。於是秦穆公答應立即撤兵，並且和鄭國訂立了盟約。秦國軍隊悄悄地班師回國了，還留下了杞子等三將軍帶領兩千秦兵，幫助鄭國守城。

晉文公見秦穆公不辭而別，非常氣憤，怎奈孤掌難鳴，於是也偃旗息鼓，撤軍回國了。

《孫子兵法》與商業──希爾頓的聚財經營

「上兵伐謀」同樣適用於商業。一味地競爭，大打價格戰，只能是兩敗俱傷，不妨在產品質量、服務、宣傳等方面下些功夫，往往能收到更好的效果。

一九一九年一月，年輕的希爾頓帶著五千美元，隻身來到了德克薩斯州，他做了一項投資，果斷地買下了他的第一家旅館──梅比萊旅館。

他苦心經營。很快，他的旅館資產達到了五千一百萬美元。他欣喜而自豪地將這個成績告訴了母親。

希爾頓的母親聽完後，淡然地說：「照我看，你跟從前沒有兩樣。要想成大事，你必須把握住比五千一百萬美元更值錢的東西。」

「那是什麼？」

「除了對顧客誠實以外，還要想方設法讓每一個住進你旅館的人住了還想再來住。你要想出一種簡單、容易、不花本錢而行之長久的辦法去吸引顧客，這樣你的旅館才有前途。」

母親的話很簡單，卻讓希爾頓苦苦思索：究竟有什麼辦法讓顧客還想再來住呢？簡單、容易、不花本錢而行之長久的法寶應該具備什麼樣的條件呢？希爾頓冥思苦想後，終於想到，那就是微笑。只有微笑才能發揮如此大的影響力。

第二天，希爾頓上班後的第一項工作，便是把手下的所有僱員找來，向他們灌輸自己的經營理念：

「微笑──記住嘍。我今後檢查你們工作的唯一標準是，你今天對客人微笑了嗎？」

他又對旅館進行了一番裝修改造，增強了接待旅客的能力。依靠「你今天對客人微笑了嗎？」的座右銘，梅比萊旅館很快便紅火起來。

不久，希爾頓又萌發了新的創業衝動：要建造一座擁有「一流設施」的以他自己名字命名的大飯店──希爾頓飯店。

一九二五年八月四日，「達拉斯希爾頓飯店」竣工。

「一流設施，一流微笑」，希爾頓的創業之路越走越寬。

一九二九年，艾爾帕索希爾頓飯店完工。就在這時，美國歷史上規模較大的一次經濟危機爆發了。很快，全美的旅館酒店業有百分之八十倒閉，希爾頓旅館集團也深陷困境。

如何戰勝危機、渡過難關？

「微笑還管用嗎？」有人問。

希爾頓仍然依靠他那「你今天對客人微笑了嗎？」的座右銘。他信心十足地奔赴全國各地，鼓舞員工振作精神，共渡難關，即使是借貸度日，也要

堅持以「一流微笑」來服務旅客、贏得旅客。他不厭其煩地告誡他的員工們：萬不可把心中的憂愁掛在臉上，無論面對何種困難，「希爾頓」服務員臉上的微笑永遠屬於旅客！

希爾頓的座右銘變成了每一個希爾頓人的座右銘。希爾頓飯店服務人員始終以其永恆美好的一流微笑，感動著四面八方的賓客。希爾頓飯店也因此順利地渡過了難關，逐步進入黃金時期。

《孫子兵法》與處世──傑克森打驢

生活中，對待別人的無理行為，你有兩種選擇：一種是不予理會；一種是進行反擊。當人身尊嚴受到傷害時，做到不去理會是很難的，但也不能對其大打出手，正所謂「上兵伐謀」，你可以進行有禮地反擊，讓對方不戰而敗。

有一個常以愚弄人而自得的人，名叫湯姆。這天早晨，他正在門口吃著麵包，忽然看見傑克森騎著驢哼哼呀呀地走了過來，於是他就喊著：「過來，吃塊麵包吧！」

傑克森連忙從驢背上跳下來，說：「謝謝您的好意。我已經吃過早飯了。」

湯姆一本正經地說：「我沒問你呀，我問的是驢。」說完，得意地一笑。

傑克森以禮相待，卻反遭侮辱，是可忍孰不可忍！他非常氣憤，本想責罵這個無賴，但又怕無賴說：「我和驢說話，誰叫你插嘴來著？」

經這麼一想，傑克森抓住了湯姆語言上的破綻，進行狠狠地反擊。

他猛地轉過身子，對準驢臉上「啪，啪」就是兩巴掌，罵道：「出門時我問你城裡有沒有朋友，你說沒有，沒有朋友為什麼人家會請你吃麵包呢？」

「啪，啪」，對準驢屁股，又是兩鞭，說：「看你以後還敢不敢胡說？」

「知彼知己」是戰爭取勝的前提條件之一，然而，在戰爭中，「知彼」雖然不易，但「知己」卻更難。

《謀攻篇》之二──知彼知己，百戰不殆

知彼知己，百戰不殆；不知彼而知己，一勝一負；不知彼，不知己，每戰必殆。

《孫子兵法》與軍事──王霸不戰勝強敵

「知彼知己」是兵家行軍打仗最基本的常識。在軍事紛爭中，只有做到既了解敵人，又了解自己，才能清晰地預測戰爭發展的方向，並由此制定詳細的策略，掌握主動，以最小的犧牲獲取最大的勝利。

劉秀手下的大將王霸在一次會戰中打敗叛將蘇茂。幾天後，蘇茂重整旗鼓，率領大隊人馬又來挑戰。

王霸得知敵人補充了許多兵員武器，來勢比上次凶猛，於是下令堅守營壘，不許出戰交鋒。敵人每日在營門外叫陣，又是擂鼓鳴鑼，又是高聲謾罵。王霸卻像沒事兒似的，只管在營房裡與將士們飲酒取樂。

蘇茂見王霸不出戰，便命令士兵向王霸的營房放箭。恰巧有一支箭正好把王霸酒桌上的一隻酒杯打翻，酒灑了滿桌，在座的人都很驚慌，王霸卻把酒杯扶正，斟滿酒，然後一飲而盡。一位武將沉不住氣了，說道：「蘇茂不過是我們手下的敗將。如果再交戰，我們一定能打敗他。」王霸認真地說：「蘇茂現在急於和我們交戰，是因為他遠道而來，帶的糧草不多，不敢把時間拖長。我們只管在營房裡堅守不出，等蘇茂糧草用完，我們就會不戰而勝。」大家聽了半信半疑。

果然不出王霸所料。幾天以後，蘇茂軍營裡的糧草越來越少，引起全軍上下嚴重不安。蘇茂手下的幾個將領趁機內訌，發生互相殘殺的事件。蘇茂見外有強敵，內部混亂，自知不是王霸的對手，趁著夜色倉皇撤走。

《孫子兵法》與商業──成功的推銷商

「知彼知己，百戰不殆。」這一規律不僅為古今中外許多軍事家所推崇，作為一種智慧，一種決策制勝方略，它同樣適用於經濟領域。何謂「彼」？

何謂「己」？從商業經營管理的角度而言，所謂「己」，主要是指經營者自身所屬的各種因素，這些因素是全方位的，它涵蓋了經營管理者自身的每一環節。所謂「彼」，從廣義的角度來說，所有外在條件都屬於「彼」的範疇；從狹義的角度來說，「彼」又可以特指經營管理的對象，即己有的客戶和目標客戶。

克里曼特‧斯通所在公司派了一批推銷員去愛荷華州西奧克城進行推銷活動。一天晚上，他聽到一位推銷員抱怨說：「在西奧克斯中心出售商品是不可能的，因為那裡的人是荷蘭人，他們講宗派，不想買陌生人的東西。此外，這片土地歉收已達五年之久了。我在那裡已經工作了兩天，卻沒有賣出一樣東西。」

斯通對這件事考慮良久，決定第二天與這位推銷員一起開車前往西奧克斯中心。當他們到達那裡以後，首先進了一家銀行。當時那裡有一位副經理、一位出納員、一位收款員。二十分鐘內，副經理和出納員各買了一份他們公司最大的保單──全單元保單。他們一個商店接著一個商店，一個辦公室接著一個辦公室地訪問每個機構中的每一個人，有條不紊地兜售著他們的保險單。

一件驚人的事情發生了：那天他們所訪問的每一個人都購買了全單元保單，沒有一個例外。為什麼在同一個地方，別人的銷售都失敗了，而斯通的銷售卻成功了呢？這主要是因為他對情況做了正確的分析，在了解銷售對象的心理及處境的基礎上，滿足了客戶的需求，因而取得了很大的收穫。

他認為荷蘭人講宗派，正是銷售成功的一個有利因素。因為如果你一旦將東西賣給一族中的一個人，特別是一個領袖人物，你就能賣東西給全族的人。你首先所必須做的事情，就是把第一筆生意做給一位適當的人，哪怕是花費很長的時間或耗費很大的精力。

並且，這片土地歉收已經五年，人心惶惶，正是推銷保險單的大好時機。因為荷蘭人大多十分節約，做事認真負責，他們需要保護他們的家庭和財產。但他們很可能從沒有購買過意外事故保險單，因為別的推銷員也許與上述的

那位推銷員一樣，知難而退，不了解客戶的心理。如果保險單只收很低的費用，卻能提供可靠的保護的話，那麼它一定具有很大的吸引力。

斯通清楚自己的優勢，又了解對方的心態，知己且又知彼，因而一出馬，就獲得了成功。跟隨他的那位銷售員回到西奧克斯中心待了很長一段時間，每天都取得了一定的推銷成績。他吸取經驗教訓，向斯通學習，在自己失敗的地方成功了，並且在他以後的推銷活動中也屢屢獲勝。

《孫子兵法》與處世——暴風雨夜的奇遇

兵法中的「知彼知己」，運用到為人處世上，我們可以得出那句頗為感人的話「理解萬歲」。理解別人，從別人的角度出發為對方考慮，同時也給對方一個機會進而了解自己。打開心扉，包容別人，不僅會增進雙方的情感，更重要的是，在這樣的溝通與理解中，自己也擁有了一份幸福。

很多年前的一個暴風雨的晚上，有一對老夫婦走進旅館的大廳要求訂房。

「很抱歉，」櫃檯裡的人回答說：「我們飯店已經被參加會議的團體包下了。往常碰到這種情況，我們都會把客人介紹到另一家飯店，可是這次很不湊巧，據我所知，另一家飯店也客滿了。」

他停了一會，接著說：「在這樣的晚上，我實在不敢想像你們離開這裡卻又投宿無門的處境，如果你們不嫌棄，可以在我的房間住一晚，雖然不是什麼豪華套房，卻十分乾淨。我今晚就待在這裡完成手頭的訂房工作，反正督察員今晚是不會來了。」

這對老夫婦因為他們給櫃檯服務帶來的不便，顯得十分不好意思，但是他們謙和有禮地接受了服務員的好意。第二天早上，當老先生下樓來付住宿費時，這位服務員依然在當班，但他婉拒道：「我的房間是免費供給你們住的，我全天候待在這裡，又已經賺取了很多額外的鐘點費，那個房間的費用本來就包含在內了。」

老先生說：「你這樣的員工，是每個旅館老闆夢寐以求的，也許有一天我會為你蓋一座旅館。」年輕的櫃檯服務員聽了笑了笑，他明白老夫婦的好心，但他只當那是個玩笑。

又過了好幾年，那個櫃檯服務員依然在同樣的地方上班。有一天他收到老先生的來信，信中清晰地敘述了他對那個暴風雨夜的記憶。老先生邀請櫃檯服務員到紐約去拜訪他，並附上了來回機票。

幾天之後，他來到了曼哈頓，在坐落於第五大道和三十四街間的豪華建築物前見到了老先生。老先生指著眼前的大樓解釋道：「這就是我專門為你建造的飯店，我以前曾經說過，記得嗎？」「您在開玩笑吧！」服務員不敢相信地說：「都把我搞糊塗了！為什麼是我？您到底是什麼身分呢？」年輕的服務員顯得很慌亂，說話略帶口吃。

老先生很溫和地微笑著說：「我的名字叫威廉·華爾道大·阿斯特。這其中並沒有什麼陰謀，因為我認為你是經營這家飯店的最佳人選。」

這家飯店就是著名的華爾道夫·阿斯多利亞飯店的前身，而這個年輕人就是喬治·伯特，他是這家飯店的第一任經理。

第四篇 軍形篇

　　本篇名為《軍形篇》。「形」就是指軍事力量，包括兵力的眾寡強弱、軍事素質的優劣、部署的隱蔽、暴露等。孫子形象地比喻說：「若決積水於千仞之溪者，形也。」就像積水從千仞高的山澗衝決而下，勢不可擋，這就是強大軍事實力的表現。

　　「形」指的是軍事力量，孫子形象地比喻說：「若決積水於千仞之溪者，形也。」就像積水從千仞高的山澗衝決而下，勢不可擋，這就是強大軍事實力的表現。

原文

　　孫子曰：昔之善戰者，先為不可勝，以待敵之可勝。不可勝在己，可勝在敵。故善戰者，能為不可勝，不能使敵之可勝。故曰：勝可知，而不可為。

　　不可勝者，守也；可勝者，攻也。守則不足，攻則有餘。善守者，藏於九地之下；善攻者，動於九天之上，故能自保而全勝也。

　　見勝不過眾人之所知，非善之善者也；戰勝而天下曰善，非善之善者也。故舉秋毫不為多力，見日月不為明目，聞雷霆不為聰耳。古之所謂善戰者，勝於易勝者也。故善戰者之勝也，無智名，無勇功。故其戰勝不忒；不忒者，其所措必勝，勝已敗者也。故善戰者，立於不敗之地，而不失敵之敗也。

　　是故，勝兵先勝而後求戰，敗兵先戰而後求勝。善用兵者，修道而保法，故能為勝敗之正。

　　兵法：一曰度，二曰量，三曰數，四曰稱，五曰勝。地生度，度生量，量生數，數生稱，稱生勝。

　　故勝兵若以鎰稱銖，敗兵若以銖稱鎰。稱勝者之戰民也，若決積水於千仞之溪者，形也。

譯文

　　孫子說：從前那些善於用兵作戰的人，總是預先創造不被敵人戰勝的條件，並等待可以戰勝敵人的時機。做到不被敵人戰勝，其主動權掌握在自己手中；能否戰勝敵人，則在於敵人是否出錯給我們以可乘之機。所以，善於用兵打仗的人只能夠做到不被敵人戰勝，而不能使敵人一定會被我軍戰勝。所以說，勝利可以預見，卻不能強求。

　　當無法戰勝敵人時，應該注意防守；可以打敗敵人時，應該發動攻擊。實行防守，是因為兵力不足；採取進攻，是因為兵力有餘。善於防守的軍隊，隱藏自己就像深藏於不可知的地下一樣，無跡可尋；善於進攻的軍隊，展開兵力就像從天而降一樣勢不可擋。所以，善防善攻的軍隊，既能保全自己，又能大獲全勝。

　　預見勝利不能超過平常人的見識，算不上最高明；交戰而後取勝，即使天下人都稱讚，也算不上最高明。正如舉起秋毫稱不上力大，看見日月算不上視力好，聽見雷鳴算不上耳聰。古代所謂善於用兵的人，只是戰勝了那些容易戰勝的敵人。所以，真正善於用兵的人，沒有智慧過人的名聲，沒有勇武蓋世的戰功。而他們既能打勝仗又不出任何閃失；之所以不會有差錯，是由於他們所採用的作戰方針是建立在必勝的基礎上的，他們所戰勝的是已經陷於必敗境地的敵人。所以善於打仗的人，不但使自己始終處於不敗之地，也絕不會放過任何可以擊敗敵人的機會。

　　因此，打勝仗的軍隊，總是先創造必勝的條件，然後再尋找機會與敵人交戰；而打敗仗的軍隊總是先與敵人交戰，然後在戰爭中企圖僥倖取勝。善於用兵打仗的人，能夠修明政治，明確法度，所以能夠掌握決定戰爭勝負的主動權。

　　兵法中有五個用來衡量勝負的因素：一是「度」，即估算土地的面積；二是「量」，即推算物資資源的容量；三是「數」，即統計兵員的數量；四是「稱」，即比較雙方軍事的綜合實力；五是「勝」，即得出勝負的判斷。土地面積的大小決定物力、人力資源的容量，資源的容量決定可投入部隊的

數目，部隊的數目決定雙方兵力的強弱，敵我軍事實力的不同，最終決定了戰爭的勝負。

所以，獲勝的軍隊對於失敗的一方而言，就像用「鎰」（一鎰等於二十四兩）與「銖」（一兩等於二十四銖）相比較，占有絕對的優勢；而失敗的軍隊對於獲勝的一方而言，就像用「銖」與「鎰」相比較處於絕對劣勢。軍事實力強大的勝利者指揮士兵作戰，就像積水從千仞高的山澗衝決而下，勢不可擋，這就是強大軍事實力的表現。

闡釋

本篇名為《軍形篇》。「形」，就是指軍事力量，包括兵力的眾寡強弱、軍事素質的優劣、部署的隱蔽、暴露等。孫子形象地比喻說：「若決積水於千仞之溪者，形也。」就像積水從千仞高的山澗衝決而下，勢不可擋，這就是強大軍事實力的表現。

本篇主要論述戰前要積蓄軍隊的作戰力量。通篇提出了五對矛盾：敵己、勝敗、攻守、動藏、餘缺。戰爭的勝利，主要是依靠己方的力量與謀劃。孫子開篇提出了「先為不可勝」，即要求善戰者，先創造不被敵人戰勝的條件，而後再積極創造、尋求戰機，戰勝敵人。即孫子提出了一個重要的作戰指導思想：「勝兵先勝而後求戰，敗兵先戰而後求勝。」孫子還說：「所謂善戰者，勝於易勝也。」即所謂善於用兵的人，只是戰勝了那些容易戰勝的人。但如何「勝於易勝」呢？要透過創造條件，伺機取勝。而且應該從最容易的地方，從敵人最薄弱的環節下手。

當無法戰勝敵人時，應該注意防守；當可以打敗敵人時，應該發動攻擊。善於作戰的將帥，應在保全自己的前提下，謀求取勝的條件。

活學活用

《軍形篇》之一──所謂善戰者，勝於易勝者也

古之所謂善戰者，勝於易勝者也。

《孫子兵法》與軍事——黃忠智斬夏侯淵

「勝於易勝」，在實際戰爭中可以簡單地演化為以己之長，攻敵之短。如何「勝於易勝」呢？就是要尋找敵人最薄弱的一面，以自己較有力的部分擊之，從而取得戰爭的勝利。

黃忠在定軍山和曹將夏侯淵相遇，初戰告捷。夏侯淵於是堅守山寨，不再出來交戰，黃忠率領部隊逼到定軍山下。法正四面瞭望定軍山的地勢，對黃忠說：「在定軍山的西面，有一座巍然聳立的高山，四面的山道崎嶇艱險，在這座山上，能夠充分探察定軍山曹軍的虛實。將軍如果能攻占這座山，再攻打定軍山就易如反掌了。」黃忠抬頭看了看，見山頂比較平緩，山上人馬也不是很多，就決定先攻打這座山。

這天夜裡，黃忠帶領軍士，趁著敵軍防範鬆懈的時候，突然敲鼓鳴鑼，一直殺上山頂。這座山是由夏侯淵的部將杜襲把守的，只有幾百人。當時望見黃忠大批人馬一擁而上，聲勢駭人，慌忙丟下營寨，逃下山去。黃忠非常輕鬆地占領了山頂，正好和定軍山相對立，地勢特別優越。法正說：「將軍可以駐守在半山腰，我守住山頂。等夏侯淵來進攻時，我若舉起白旗，將軍就按兵不動；等他倦怠了，疏於防備時，我就舉起紅旗，那時將軍再迅速地下山衝擊曹軍。我們以逸待勞，一定能夠獲勝。」黃忠聽後，連說妙計，便帶領大部人馬在半山腰紮下營寨。

杜襲丟了山寨，逃回定軍山，說黃忠奪取了對面的山頂。夏侯淵非常惱怒，說：「黃忠占領了對面的山，不由得我不出戰！」張郃勸阻說：「這是他們的計謀，將軍只宜堅守，不能出戰。」夏侯淵說：「他占了我的對面山頂，觀察我的軍情虛實，我怎麼能不出戰呢？」張郃苦苦勸阻，夏侯淵不為所動。

夏侯淵命令兵士圍住黃忠占領的山，大罵挑戰。法正在山頂上舉起白旗，任憑夏侯淵在山下怎樣辱罵，黃忠就是不出戰。等到中午以後，法正見曹兵已經疲倦，心不在焉，不見絲毫銳氣，大多都下了馬，倚在石頭旁休息，有的竟昏昏欲睡，就舉起紅旗。黃忠見山頂上紅旗招展，一聲令下。戰鼓齊鳴，蜀漢的軍隊大喊著衝下山來，那種陣勢猶如天崩地裂。夏侯淵措手不及，黃

忠已如閃電般衝到他的面前，大喝一聲，如平地驚雷。夏侯淵還沒反應過來時，就見黃忠的寶刀落下，連頭帶肩將他砍成兩段。曹兵見主帥被斬，潰不成軍。黃忠乘勝追擊，占領了定軍山。

《孫子兵法》與商業——煙台啤酒廠的巧勝

經營中的「勝於易勝」需要特別注意的是善於尋找突破口，發揮自己的有限條件，在與競爭者的對比中，突出自己的優勢，打敗對手。

舊上海，英國沙遜洋行開辦了「友啤啤酒廠」，怡和洋行開辦了「怡和啤酒廠」，法國人開辦了「國民啤酒廠」。一九三〇年代，上海的啤酒市場幾乎被這三家啤酒廠壟斷，每年廣告費用就達四十萬元。在這種局面下，中國人自己生產的啤酒很難擠進上海市場。

山東煙台啤酒廠，是當地一些民族資本家合辦的，資產才二十萬元。它生產的啤酒質量毫不遜色於英法啤酒廠的產品，可是運到上海後卻無人問津。煙台啤酒廠決心與外國人競爭一番，他們展開了聲勢浩大、別開生面的公關活動。

首先，他們在上海靜安寺路二十號「新世界」這個大規模遊樂場所的底層租了一間店面，精心裝潢，以提高煙台啤酒廠在人們心目中的地位，樹立企業形象。徵得「新世界」同意後，煙台啤酒廠在各大報紙版面刊登大幅廣告，內容是：定於某日，購票進「新世界」者，由煙台啤酒廠贈毛巾一條。然後，可免費喝啤酒，按喝啤酒的多少定出第一到第三名，贈送大獎。

這一日到了，上海南京路上人山人海、水洩不通，市民搶著買門票，「新世界」內整整一天免費供應啤酒。這一舉動在上海市引起轟動，各家報紙爭相報導，煙台啤酒廠名聲大噪。「煙台啤酒廠贈」幾個字隨著廠家贈給顧客的毛巾走進千家萬戶，充當了無聲宣傳器的作用。特別是一個「贈」字，在情感上把廠家和顧客拉近了許多，煙台啤酒廠第一舉便獲得了很大的成功。

一個月後，煙台啤酒廠又在各大報上刊登消息：某個星期天，一些煙台啤酒將被隱藏在上海半淞園，歡迎上海市民前去尋找，找到一瓶啤酒，獎勵

啤酒二十箱。於是，這一天半淞園內人頭攢動，到處是尋找煙台啤酒之人。這一天共用去了五百二十箱啤酒。

煙台啤酒廠這兩個舉動別出心裁，使不少上海市民品嚐到了煙台啤酒，對酒的質量有了了解。煙台啤酒廠順利地完成了自我推銷過程，而用於宣傳的費用還不到英法啤酒廠的一半。

英法啤酒廠的壟斷地位被打破，很不甘心，於是他們給出售英法啤酒的經銷商增加佣金。煙台啤酒廠針鋒相對，決定在一萬箱啤酒中，拿出一萬元作為獎金。在一萬個瓶蓋中，印上「中」、「國」、「啤」、「酒」四個不同的字，分別代表一元、兩元、五元、十元。消費者開瓶時，只要發現帶字的瓶蓋，就可拿到煙台啤酒廠駐上海辦事處換錢。這一招實在高明絕妙，顧客都願意買他們的啤酒。餐廳的服務員開的啤酒越多，中獎希望越大，因此他們也願意賣煙台啤酒。而印在瓶蓋上的字，能激起市民的民族意識，買煙台啤酒的可能性更大些。於是，這場啤酒大戰，以英法酒廠的失敗而告終，煙台啤酒廠則大獲全勝。

《孫子兵法》與處世——樊噲勸諫劉邦

「投其所好」是兵法中「勝於易勝」在交際過程中的一個體現，正如白居易所說：「動人心者先乎情。」情動而心動，心動後理順，理順了，自然萬事大吉。

楚漢之爭的結果是劉邦打敗了項羽，劉邦心裡自然很驕傲，常常問群臣為何能打敗項羽，群臣深諳劉邦勝者為王的心理，於是對他讚美不已，劉邦遂產生了自滿情緒，執政的積極性慢慢懈怠下來。

一次他生病後整日留在後宮，下令不見任何人，不理朝政。周勃、灌嬰等許多身經百戰的元勛都毫無辦法。大將樊噲想出一個點子，闖進宮中進諫，他擲地有聲地對劉邦的過去進行一番讚美：「想當初，陛下和臣等起兵豐沛定天下之時，何等豪情壯志！上下團結，同甘共苦，打敗了項羽，建立了漢朝基業。」幾句話激起了劉邦的自豪之情，然後樊噲話鋒一轉，說道：「眾

大臣皆為陛下之病終日恐惶不安，陛下卻不見大臣，不理朝政，而獨與太監親近，難道忘了趙高禍國的教訓嗎？」

樊噲藉著稱讚巧妙地批評了劉邦，先揚後抑一片肺腑之言，終於使劉邦專心朝政，使民休養生息，開創了漢朝一派欣欣向榮的景象。

孫子認為，戰前的「稱」（即比較雙方軍事的綜合實力）是十分必要的，誰能占有壓倒對方的優勢，誰就會在戰爭中取勝，反之，落後就要挨打，就會在戰爭中失敗。

■ 《軍形篇》之二 —— 善戰者，立於不敗之地

善戰者，

先為不可勝，

以待敵之可勝。

是故，勝兵先勝而後求戰，

敗兵先戰而兵求勝。

《孫子兵法》與軍事 —— 李牧積蓄力量戰匈奴

足夠的軍事實力是殲敵的必要條件。在自己的力量尚不足以擊敗敵人時，要盡量避免與敵直接交戰，在退守中擴充力量，一旦抓住有利時機，便英勇出擊。

戰國末期，趙國名將李牧駐守雁門郡，防備匈奴入侵。他白天訓練士兵騎馬射箭，晚上宰牛犒勞士兵，並下命令說：「在匈奴入侵搶掠時，要即刻集合堅守陣地。如果有人擅自出擊，定斬不饒。」在匈奴入侵時，趙國軍隊只是固守，從不與匈奴作戰。

趙王認為李牧帶兵無能，遂將他召回，派人代替他統率駐守雁門的趙軍。可是，新統帥出戰匈奴連連失利，趙國損失很大。到這時，趙王才後悔不該召回李牧。

於是，趙王決定重新任用李牧。李牧卻推說自己有病，不能帶兵打仗。趙王再三徵召李牧，命其帶兵。李牧對趙王說：「如果任用我，要允許我像以前那樣行事，我才能接受任命。」趙王最終同意了。

李牧重返雁門，仍採用以前的固守戰術。匈奴認為李牧怯弱，很輕視李牧。其實，李牧長期不出戰是為了積蓄力量，同時使匈奴多次出征，勞而無功，官兵厭倦。

後來，李牧認為大打一仗的機會已經成熟，開始進行作戰準備。他精心挑選勇猛的士兵五萬人，弓箭手十萬人，強馬數千匹。當匈奴又來入侵時，李牧佯裝敗走，並故意將一部分物品遺棄給匈奴。麻痺大意的匈奴兵長驅直入，進入趙國軍隊的包圍圈，被等待多時的趙國軍隊一舉圍剿。在此後的數年中，匈奴再未敢騷擾趙國的邊境。

《孫子兵法》與商業——「賓士」的策略

生產和銷售商品，也要「先為不可勝」，才能在商業競爭中立於不敗之地。商品行銷要做到「先為不可勝」，就要有先進的工藝、高質量的產品、低廉的價格、熱情周到的服務等。有了這些條件，其他商家就無法與之競爭，從而在競爭中立於不敗之地。

美國一家公司對世界近萬名消費者的抽樣調查顯示，「賓士」牌汽車位列「世界十大名牌」之首。究其經營的訣竅，也是「先為不可勝」。「賓士」牌汽車質量、款式保你滿意。賓士公司的廣告說：「如果有人發現賓士車發生故障，中途拋錨，我們將贈送一萬美元。」該公司有三千七百種型號的車，能滿足各種人的需要。根據賓士公司負責人的介紹，實現高質量要有兩個基礎：一是要有一支技術熟練的職員隊伍；二是要有對產品的零件嚴格的檢查制度。

無處不在的售後服務。賓士公司在原西德本土設有一千七百多個維修站，僱有五、六萬人做保養和修理工作。如果車輛在途中發生意外故障，只要就近向維修站打個電話，維修站就會派人來修理或把車拖吊到附近的維修站修理。

安全、節能在同行業中處於領先地位。一九五三年該公司裝配車輛使用承載式焊接結構，既美觀又安全；接著又研製出「安全客艙」，可以保證載客的內艙在發生交通事故時不會被擠壓。在每一部賓士小轎車上，從車身到駕駛室，有一百三十六個零組件是為安全服務的。可靠的質量，完善的服務，安全的性能，使賓士牌汽車處於「先為不可勝」的地位，在世界各地保持旺盛的銷售。

《孫子兵法》與處世——「珍珠」和「沙子」的區別

「善戰者，先為不可勝。」善於用兵作戰的人，總是首先創造使自己不被戰勝的條件。俗語云：「打鐵還得自身硬。」為人處世與用兵作戰一樣，要想在激烈的競爭中出人頭地，需要有真才實學才行。

傑克的學習成績很好，畢業後卻屢次碰壁，一直找不到理想的工作。他覺得自己懷才不遇，對社會感到非常失望。他為沒有伯樂來賞識他這匹「千里馬」而憤慨，甚至因而傷心絕望。懷著極度的痛苦，傑克來到大海邊，打算就此結束自己的生命。

正當他即將被海水淹沒的時候，正在散步的老瑪利救起了他。老瑪利問他為什麼要走絕路。

傑克說：「我得不到別人和社會的承認，沒有人欣賞我，所以覺得人生沒有意義。」

老瑪利從腳下的沙灘裡撿起一粒沙子，讓傑克看了看，隨手扔在了地上。然後對他說：「請你把我剛才扔在地上的那粒沙子撿起來。」

「這根本不可能！」傑克低頭看了一下說。

老瑪利沒有說話，他從自己的口袋裡掏出一顆晶瑩剔透的珍珠，隨手扔在了沙灘上。然後對傑克說：「你能把這顆珍珠撿起來嗎？」

「當然能！」

「那你就應該明白自己的境遇了吧？你要認識到現在你自己還不是一顆珍珠，所以你不能苛求別人立即承認你。如果要別人承認，那你就要想辦法使自己變成一顆珍珠才行。」

傑克低頭沉思，半晌無語。

第五篇 兵勢篇

　　本篇名為《兵勢篇》。「勢」就是軍事力量的發揮。孫子說：「激水之疾，至於漂石者，勢也。」就是說，飛速奔瀉的激流，能夠使大石塊漂移，這是由於水勢強大的緣故。

　　「勢」指軍事力量的發揮，孫子云：「激水之疾，至於漂石者，勢也。」就是說，飛速奔瀉的激流，能夠使大石塊漂移，這是由於水勢強大的緣故。

原文

　　孫子曰：凡治眾如治寡，分數是也；鬥眾如鬥寡，形名是也；三軍之眾，可使必受敵而無敗者，奇正是也；兵之所加，如以碬投卵者，虛實是也。

　　凡戰者，以正合，以奇勝。故善出奇者，無窮如天地，不竭如江河。終而復始，日月是也；死而復生，四時是也。聲不過五，五聲之變不可勝聽也；色不過五，五色之變不可勝觀也；味不過五，五味之變不可勝嘗也；戰勢不過奇正，奇正之變不可勝窮也。奇正相生，如循環之無端，孰能窮之？

　　激水之疾，至於漂石者，勢也；鷙鳥之疾，至於毀折者，節也。是故善戰者，其勢險，其節短。勢如弩，節如發機。

　　紛紛紜紜，鬥亂而不可亂也；渾渾沌沌，形圓而不可敗也。

　　亂生於治，怯生於勇，弱生於強。治亂，數也；勇怯，勢也；強弱，形也。故善動敵者：形之，敵必從之；予之，敵必取之。以利動之，以卒待之。

　　故善戰者，求之於勢，不責於人。故能擇人而任勢，任勢者，其戰人也，如轉木石。木石之性：安則靜，危則動，方則止，圓則行。故善戰人之勢，如轉圓石於千仞之山者，勢也。

譯文

　　孫子說：管理人數眾多的軍隊，能夠像管理人數很少的軍隊那樣應付自如，是由於軍隊編制和組織得合理；指揮大部隊作戰，能夠像指揮小部隊作

戰那樣得心應手，是由於旗幟鮮明、鼓角響亮，通訊聯絡暢通；能夠使全軍在遭受敵人進攻時不失敗，關鍵在於「奇正」戰術的運用要隨機應變；指揮軍隊進攻敵人，如同以卵擊石那樣，關鍵是避實擊虛策略的正確運用。大凡作戰，一般都是以「正」兵擋敵，用「奇」兵取勝。所以善於出奇制勝的將帥，其戰法變化如天地運行那樣變化無窮，像江河那樣奔流不息，永不枯竭。周而復始，猶如日月的運行；去而又來，好似四季的更迭。音調不過五種（官、商、角、徵、羽），但五音的變化可以組成各種各樣聽之不盡的樂曲；顏色不過五種（青、赤、黃、白、黑），但五色的配合可以繪出多姿多彩看不完的圖畫；味道不過五種（辣、酸、鹹、甜、苦），但五味的調和可以做出有滋有味嘗不遍的佳餚；作戰的戰術方法不過「奇」（特殊戰術，出奇制勝）和「正」（常規戰術，按部就班）兩種，但奇正的變化無窮無盡，不可勝數。奇與正的相互依存、相互轉化，就像圈環旋轉那樣，無頭無尾，無始無終，誰又能使它窮盡呢？

湍急的流水迅猛奔瀉，以至能夠使石塊漂移，那是由於水勢強大的原因；凶猛的雄鷹奮勇搏擊，以至於能捕殺鳥獸，那是由於掌握了時機和節奏的緣故。因此，善於指揮作戰的將帥，他所造成的態勢總是險峻逼人，發起攻擊的時機節奏總是短促迅捷。這樣的態勢就像張滿了弩弓，箭在弦上，蓄勢待發，短促的節奏就如擊發弩機。

戰旗紛飛，人馬混雜，在混亂的狀態中作戰，必須使自己的部隊不發生混亂；戰車轉動，步卒奔馳，在迷濛不清的情況下作戰，必須把部隊部署得四面八方都能應付自如。

向敵人顯示混亂的假象，要建立在自己的軍隊有嚴密的組織管理的基礎之上；向敵人顯示怯懦，是由於本軍將士有勇敢的素質；向敵人顯示弱小，是由於自己擁有強大的實力。嚴整或者混亂，是軍隊組織編制好壞的問題；勇敢或者怯懦，是士兵素質的外在表面；強大或者弱小，是軍事實力大小的顯現。所以，善於調動敵人的將帥，偽裝假象迷惑敵人，敵人必為其調動；用小利引誘敵人，敵人必為其所動；用這樣的辦法去調動敵人，用重兵伺機打擊敵人。所以，善於指揮作戰的人，總是設法造成有利於己的必勝態勢，

而從不對部屬求全責備，因此他們能夠很好地選擇適當的人，利用和創造必勝的態勢。善於創造有利態勢的將領，指揮軍隊作戰就像轉動木頭和石頭。木頭、石頭的本性是處於平坦地勢就靜止不動，處於陡峭的斜坡上就容易滾動。方形容易靜止，圓形容易滾動。所以，善於指揮作戰的人所造成的有利態勢，就像讓圓石從萬丈高山上滾下來一樣，來勢凶猛。這就是軍事上所謂的「勢」。

闡釋

　　本篇名為《兵勢篇》。「勢」，就是軍事力量的發揮。孫子說：「激水之疾，至於漂石者，勢也。」就是說，飛速奔瀉的激流，能夠使大石塊漂移，這是由於水勢強大的緣故。因此，孫子主張作戰必須造成和利用這種有利態勢，出奇制勝地打擊敵人，以達到最有效地發揮軍隊的實力，去爭取戰爭的勝利。與「形篇」主要講軍事實力的儲存相對應，「勢篇」則側重論述軍事實力的運用。

　　在《兵勢篇》中，孫子提出了「奇正」之術，這是全篇的中心，也是孫子兵法的核心思想。所謂「正」，是指指揮作戰所運用的「常法」；所謂「奇」，是指指揮作戰所運用的「變法」。戰爭中只存有「正」、「奇」二策，但它們的組合卻是無窮無盡的。孫子稱這種變化如天地運行那樣無窮無盡，像江河那樣奔流不息，周而復始猶如日月的運行，去而又來好似四季的更迭。這種組合就如五色、五聲、五味一樣，單純個數少但組合個數多。這就要求指揮作戰的人洞悉這種瞬息萬變的作戰態勢，靈活運用「奇」、「正」之術，來取得勝利。

　　本篇的後半部分，進一步論述了將帥應如何運用「勢」。孫子提出了「擇人而任勢」的原則。即選擇適當的人，充分利用有利態勢。孫子還提出了「節」的見解，更是孫子兵法的高妙之處。空中的雄鷹發現了地面的獵物，於是以飛快的速度飛撲而下，然而卻沒有抓到獵物，自己卻骨斷翼折，什麼原因呢？是由於不懂得「節」。

所謂「節」，其實就是一種節奏，一種節制，一種收發由心、快慢相宜的舉措。戰爭中，一味地猛打猛衝，常常不能奏效，相反，以退為進、以守為攻，卻往往能收到奇妙的效果。

　　「正」，指揮作戰所運用的「常法」；「奇」，指揮作戰所運用的「變法」。孫子認為，要想取得戰爭的勝利，必須靈活運用「奇」、「正」之術。

　　活學活用

▌《兵勢篇》之一──以正合，以奇勝

　　凡戰者，

　　以正合，以奇勝。

　　故善出奇者，

　　無窮如天地，不竭如江河。

《孫子兵法》與軍事──田單「火牛」敗燕軍

　　「出奇制勝」就是動用特殊的手段，以變幻莫測、出人意料的謀略戰勝敵人。能不能活用「奇正」之術、出奇制勝，是檢驗戰場上各級指揮官是否高明的試金石。

　　戰國時期，燕惠王免去了大將樂毅的官職，讓親信騎劫代替樂毅指揮燕軍，企圖攻取齊國最後的兩座城池──即墨和莒，滅亡齊國。

　　即墨守將田單為了迷惑燕軍，故意派出使臣出城，假言要投降，又讓即墨的富豪假意把金銀送給燕軍將領，請求他們在城破之時手下留情，保護他們。騎劫和燕軍將領忘乎所以，只等田單來投降。

　　田單見騎劫中計，心中暗喜。他徵集了一千多頭牛，每頭牛都披上五彩龍紋的紅綢，牛角上捆上鋒利的刀，尾巴上紮上浸過蘆脂的蘆葦。田單又精選了五千名勇士，手持利刃，身披綵衣，臉畫花，跟在牛的後面。

一切準備妥當，在一天深夜，田單命令士兵們將牛牽出來，打開城門，點燃牛尾上的油葦，驅趕「火牛」向燕軍營中猛衝，五千名似神如鬼的士兵跟在「火牛」後面拚命衝殺，即墨城上，男男女女擂鼓敲盆、高聲吶喊。

燕軍從夢中驚醒，看到五彩斑斕的「火牛」，頓時嚇得魂不附體。

《孫子兵法》與商業──「紙製圍裙」與「兒童樂園」

「火牛」被火燒驚了，橫衝直撞，燕軍死的死、傷的傷，好不容易從「火牛」蹄下逃了出來，又被五千名齊國的勇士殺得片甲不留。燕軍橫屍遍野，血流成河，騎劫也死在亂軍之中。田單打破燕軍對即墨的包圍，乘勢反攻，一舉收復了齊國在過去三年中被燕軍攻占的七十餘座城池。

對於商業而言，「奇正」之術是企業家們制勝的法寶。出奇的產品、出奇的廣告、出奇的銷售策略、出奇的管理措施等，都是「奇正」之術在商業上的巧妙運用。

日本橫濱市有一家叫「有馬食堂」的餐館，從外觀上看，餐館平平常常，毫無誘人之處；從內部裝潢來看，甚至比普通餐館還要寒酸一些，但餐館卻生意興隆，室內氣氛和諧熱烈。

「有馬食堂」的獨特之處在於它向前來就餐的兒童免費贈送一個「紙製圍裙」──圍裙上畫滿了栩栩如生的各種可愛的小動物，令孩子們愛不釋手。許許多多的孩子就是為了這紙製圍裙讓他們的父母帶著他們到「有馬食堂」就餐的。有時候，餐館內已坐滿了人，孩子們寧可耐心地等待，也不願意去其他餐館。

其實，一個紙製圍裙只值三十日元，但它卻給「有馬食堂」帶來了歡樂祥和的氣氛以及巨大的經濟效益。

《孫子兵法》與處世──東方朔「自我推銷」

生活中，人們總是對一些司空見慣的事見怪不怪，習以為常。這時若能打破常規，換一種思路，則往往會收到意想不到的效果。

西漢時期，漢武帝身邊有個大臣叫東方朔，頭腦聰明，言詞流利，又愛說笑話，當時人稱他為滑稽派。

漢武帝剛即位就下了一道詔書，叫各郡縣推舉品行端正、有學問、才能的人，當時有上千人應徵。這些人上書給皇帝，多半是議論國家大事，賣弄自己的才能，其中不少建議皇帝看不上，提建議的人也就沒被錄取。東方朔的上書卻半開玩笑半認真地說自己博學多才，聰明過人，怎麼身材高大，五官端正，怎麼勇敢靈活，正派守信，最後說：「像我這樣的人，真該當皇上的大臣。」漢武帝看這份上書與眾不同，有些意思，就讓他待詔公車。東方朔雖然被留在了長安，但薪水很少，也見不著皇帝。

過了些日子，東方朔想出了讓皇帝注意他的主意來。當時皇宮裡有一批給皇帝養馬的侏儒，東方朔騙他們說：「皇上說你們這些人一不能種田，二不能治國，三不能打仗，對國家沒一點用處，準備把你們全殺了呢。」侏儒們都嚇得哭起來。東方朔又教他們：「皇上要是來了，你們趕快去磕頭求饒。」不久，漢武帝路過馬廄，侏儒們都號啕痛哭，跪在武帝的車子前連連磕頭。漢武帝覺得奇怪，問道：「你們做什麼？」侏儒們回答：「東方朔說您要把我們全殺了。」漢武帝知道東方朔鬼點子多，就把他叫來責問：「你為什麼要嚇唬侏儒？」東方朔說：「侏儒身高不過三尺，每個月有一袋糧食，二百四十錢。我東方朔身長九尺，也只有一袋糧食、二百四十錢。侏儒們會撐死，我卻會餓死。皇上要覺得我不行，就放我回家，別留著我在這裡吃白飯。」武帝聽了哈哈大笑，讓他待詔金馬門。待詔金馬門比待詔公車的地位高，他也就漸漸地能親近皇帝了。

孫子云：「如轉圓石於千仞之山者，勢也。」即軍事上所謂的「勢」，就像讓圓石從萬丈高山上滾下來一樣，來勢凶猛。

《兵勢篇》之二——勢如張弩，節如發機

鷙鳥之疾，至於毀折者，節也。

是故善戰者，其勢險，其節短。

勢如弩，節如發機。

《孫子兵法》與軍事 —— 孫臏減灶惑龐涓

所謂「節」，其實就是一種節奏，一種節制，一種收發由心、快慢相宜的舉措。戰爭中，一味地猛打猛衝，常常不能奏效，相反，以退為進、以守為攻，卻往往能收到奇妙的效果。

魏惠王派太子申和龐涓集全國兵力，再次攻打韓國。韓哀侯向齊國告急求救。齊威王派田忌為將、孫臏為軍師，起兵救韓。孫臏建議採取「圍魏救趙」的辦法。田忌說：「軍師上次用過此計，這次再用恐被敵人識破。」孫臏笑著答道：「這次我另有計謀讓敵人上當。」田忌聽從了孫臏的建議，率齊軍直奔魏都大梁。

魏惠王見齊軍來攻大梁，急忙命令太子申和龐涓回兵救魏。孫臏深知了龐涓有勇無謀，只能智取，不能硬拚。於是，他向田忌獻上「減灶誘敵」的計謀。

當魏齊兩軍剛剛遭遇時，孫臏就命令齊軍撤退。龐涓追到齊軍駐地時，只見地上滿是用來煮飯的灶頭，經清點有十萬之多。齊軍次日又急急退卻，駐地留下五萬個灶頭。第三天齊軍的灶頭減少到兩萬個。龐涓見狀，非常高興，命令魏軍繼續追趕齊軍。太子申問其故，龐涓說：「我早就聽說齊軍膽小怕死，三天之內士兵就逃走了大半。我軍奮勇追擊，定能取勝。」後來，齊軍退到了兩山之間的馬陵道，孫臏見這裡溪谷深隘，道路狹窄，很適宜設兵埋伏，就命令士兵砍下樹木作為路障，又把路旁一棵大樹的樹皮剝去，在上面寫了一行大字。接著，孫臏令一萬弓箭手夾道埋伏，只等龐涓前來送死。

黃昏時分，龐涓帶著疲憊不堪的魏軍追到馬陵道。在士兵清理路障時，有人發現路邊大樹上的字，忙向龐涓報告。龐涓持火把一照，只見上面寫著「龐涓死於此樹下」幾個大字，不由得大驚失色。孫臏一聲令下，埋伏在兩旁的弓箭手對準魏軍萬箭齊發，魏軍死傷無數，中了箭的龐涓自知生還無望，只得拔劍自刎。

《孫子兵法》與商業——豐田的降低成本理念

「節」對於商業同樣意義非凡。對於企業而言，精打細算，避免浪費，其實也是一種生產方式，「節」是管理的一個重要原則。

一次，松下公司的領導到豐田公司參觀，服務人員恭敬地送上咖啡，禮貌之周到無可挑剔，但是盛咖啡的器皿卻使客人大吃一驚——公司使用普通的粗瓷碗來盛咖啡！

是的，豐田公司沒有咖啡杯。無論是自己用，還是招待貴客，一律用普通的瓷碗。

外界都說豐田人吝嗇。

豈不知，吝嗇——正是豐田的「三河商法」之一。

日本戰敗後，豐田喜一郎面對戰爭「遺留」給豐田公司的一片廢墟，斬釘截鐵地說：

「豐田要三年趕上美國！否則，日本的汽車工業就別想重建！」

在喜一郎的鼓動下，豐田公司上上下下充滿了幹勁。

光有幹勁還不行，要「趕上美國」還需要更多的東西。

喜一郎為豐田公司制定的經營管理思想是：第一，批量生產；第二，「吝嗇」精神；第三，無貸款經營。三部分是一個整體，互為影響。大家習慣地管它叫做「三河商法」。

為什麼叫「三河商法」呢？

因為豐田公司的大部分工廠都集中在日本愛知縣的三河地區，公司高級經理人和許多員工，都是三河地方人，他們自稱是「三河忠誠集團」，故而人們將其經營策略稱之為「三河商法」。

喜一郎非常討厭浪費。他跟員工講：「我們搞企業必須有基礎，那麼以什麼為基礎呢？」

大家討論得非常積極，「基礎」的羅列有一大卡車。

「很簡單，就是要以杜絕浪費的思想為基礎。我們現在要這樣，哪一天家大了、業大了，也應該是這樣。」

「批量生產」就是要杜絕浪費，追求汽車製造的合理性。

如果說喜一郎是策略家和思想家，那麼還必須有人來實施他的好方法和理念。喜一郎的副手大野耐一最能理解喜一郎的想法了。他再進一步完善的基礎上，最後形成了完整的豐田生產方式。在這個過程中，創新精神是豐田生產方式產生的動力。

大野大膽革新，突破了傳統汽車製造「由於上道程序把工作傳遞到下道程序」的方式，改變成「由下道程序向上道程序領取工件」的方式。這種新方式要求，前道程序只生產後道程序所要領取的工件，並規定了「三必要」的制度——保證按必要的工件、必要的時間和必要的數量「準確」地供應到位。

為了讓不同工廠、不同程序的各極管理人員和員工都理解並貫徹好，大野像喜一郎一樣地發表宣講：

「後道程序就是顧客。杜絕浪費對企業來說，是至高無上的命令。」

這個觀念簡單明瞭，通俗易懂。

豐田的管理思想能夠迅速傳播，就在於：大道理，簡單化。

在執行「三必要」制度時，大野又採用了「流程卡」（又稱「傳票卡」）形式。「流程卡」分為「領貨指令」、「生產指令」和「運送指令」。流程卡由後向前傳遞，保證了前道程序所產出（或採購）的工件，正好是後道程序所需要的工件，從而避免了庫存，杜絕了積壓與浪費。喜一郎並沒有滿足於改革的初步成果，他又進一步將他的管理思想從生產過程延伸到行銷過程。本來，「由下道程序向上道程序領取工件」的方式和「三必要」的制度，是對生產過程而言的，是以「降低成本」和提高生產效率為目標想出來的。後來，豐田銷售公司也實施「完全銷售」的管理體制——即「由下道程序向上道程序領取工件」的方式和「三必要」制度，名副其實地實現了「訂貨生產」

的狀態。這樣，整個豐田公司的經營管理，經過孜孜不倦地推進，贏得了巨大的成效。

在豐田公司，看不到浪費現象。因為在這裡，「乾毛巾也能擰出水」。這就是豐田的「吝嗇精神」。

喜一郎創業之初就強調：「錢要用在刀刃上……用一流的精神，一流的機器，生產一流的產品。要杜絕各種浪費。」

《孫子兵法》與處世——羊祜謙讓處世

「節」是一種老辣的人生體驗，初生牛犢不怕虎，讚譽了年輕人的勇和直、剛和勁。然而，年輕人卻幾乎不懂得「節」的作用。只有當他們在人生實踐中嘗盡酸苦、歷盡劫難之後，他們才懂得什麼叫「節」。

羊祜出身於官宦世家，是東漢蔡邕的外孫，晉景帝司馬師的獻皇后的同母弟。但他為人清廉謙恭，毫無官宦人家奢侈驕橫的惡習。

他年輕時曾被薦舉為上計吏，州官四次征他為從事、秀才，五府也請他做官，他都謝絕。有人把他比做孔子最喜歡的學生、謙恭好學的顏回。曹爽專權時，曾想徵用他和王沈。王沈興高采烈地勸他一起應命就職。羊祜卻淡淡地回答：「委身侍奉別人，談何容易！」後來曹爽被誅，王沈因為是他的屬官而被免職。王沈對羊祜說：「我應該常常記住你以前說的話。」羊祜聽了，並不誇耀自己有先見之明，說：「這不是預先能想到的。」

晉武帝司馬炎稱帝后，因為羊祜有輔助之功，被進號中軍將軍，加官散騎常侍，封為郡公，食邑三千戶。但他堅決辭讓，於是由原爵晉升為侯。他對於王佑、賈充、斐秀等前朝有名望的大臣，總是十分謙讓，不敢居其上。

後來因為他都督荊州諸軍事等功勞，加官到車騎將軍，地位與三公相同。他上表堅決推辭，說：「我入仕才十幾年，就占據顯要的位置，因此日日夜夜為自己的高位戰戰兢兢，把榮華當做憂患。我身為外戚，事事都碰到好運，應該警誡受到過分的寵愛，而不怕被遺棄。但陛下屢屢降下詔書，給我太多的榮耀，使我怎麼能承受？怎麼能心安？現在有不少才德之士，如光祿大夫

李憙高風亮節，魯藝潔身寡慾，李胤清正樸素，都沒有幸運獲得高位，而我無能無德，地位卻超過他們，這怎麼能平息天下人的不滿之心呢？因此乞望皇上收回成命！」但是皇帝沒有同意。

晉武帝咸寧三年，皇帝又封羊祜為南城侯，羊祜堅辭不受。羊祜每次晉升，常常辭讓，態度懇切，反因此名聲遠播，朝野人士都對他推崇備至，一致認為他應居宰相的高位。

羊祜平時清廉儉樸，衣被都用素布，得到的俸祿全拿來賙濟族人，或者賞賜給軍士，家無餘財。臨終留下遺言，不讓把南城侯印放進棺中。他的外甥齊王司馬攸上表陳述羊祜妻不願按侯爵級別殮羊祜的想法，晉武帝便下詔說：「羊祜一向謙讓，志不可奪。身雖死，謙讓的美德卻仍然存在，遺操更加感人。這就是古代的伯夷、叔齊之所以被稱為賢人，延陵季子之所以保全名節的原因啊！現在我允許恢復原來的封爵，用以表彰他的高尚美德。」

羊祜歷職二朝，上至一國之主，下至黎民百姓，都對他表示敬佩。羊祜的參佐們讚揚他德高而卑謙，位尊而端恭。

第六篇 虛實篇

本篇名為《虛實篇》。「虛」，空虛；「實」，充實。在此「虛實」就是指軍隊的堅強與虛弱。本篇將這對矛盾提到標題地位，是因為「虛」與「實」是解決用兵問題的關鍵。作戰必須掌握敵我雙方的「虛實」情況，做到避「實」而擊「虛」。

所謂「致人」，就是調動敵人；所謂「致於人」，就是被敵人調動。高明的將領，應該去調動敵人而不為敵人所調動。

原文

孫子曰：凡先處戰地而待敵者佚，後處戰地而趨戰者勞。故善戰者，致人而不致於人。能使敵人自至者，利之也；能使敵人不得至者，害之也。故敵佚能勞之，飽能饑之，安能動之，出其所不趨，趨其所不意。

行千里而不勞者，行於無人之地也；攻而必取者，攻其所不守也；守而必固者，守其所必攻也。故善攻者，敵不知其所守；善守者，敵不知其所攻。微乎微乎，至於無形，神乎神乎，至於無聲，故能為敵之司命。

進而不可御者，衝其虛也；退而不可追者，速而不可及也。故我欲戰，敵雖高壘深溝，不得不與我戰者，攻其所必救也；我不欲戰，畫地而守之，敵不得與我戰者，乖其所之也。

故形人而我無形，則我專而敵分；我專為一，敵分為十，是以十攻其一也。則我眾而敵寡，能以眾擊寡者，則吾之所與戰者約矣。吾所與戰之地不可知，不可知，則敵所備者多；敵所備者多，則吾所與戰者寡矣。故備前則後寡，備後則前寡；備左則右寡，備右則左寡；無所不備則無所不寡。寡者，備人者也；眾者，使人備己者也。

故知戰之地，知戰之日，則可千里而會戰；不知戰地，不知戰日，則左不能救右，右不能救左，前不能救後，後不能救前。而況遠者數十里，近者

數里乎？以吾度之，越人之兵雖多，亦奚益於勝哉？故曰：勝可為也。敵雖眾，可使無鬥。

故策之而知得失之計，作之而知動靜之理，形之而知死生之地，角之而知有餘不足之處。故形兵之極，至於無形；無形，則深間不能窺，智者不能謀。因形而錯勝於眾，眾不能知；人皆知我所勝之形，而莫知吾所以制勝之形。故其戰勝不復，而應形於無窮。

夫兵形像水，水之形，避高而趨下；兵之形，避實而擊虛。水因地而制流，兵因敵而制勝。故兵無常勢，水無常形。能因敵變化而取勝者，謂之神。故五行無常勝，四時無常位；日有短長，月有死生。

譯文

孫子說：凡先到達戰地等待敵軍的就精力充沛、安逸從容，而後到達戰地匆忙投入戰鬥的就被動疲勞。所以，善於作戰的人，總是設法調動敵人而絕不為敵人所調動。

能使敵人自動進入我預設戰場，是用利引誘的結果；能使敵人不能到達其預定地點，是我方阻止的結果。當敵人安逸時要設法使他們疲勞，糧食充足的敵人應設法使他們飢餓，敵人靜止時要使他們騷動，出擊敵人無法到達的地方，奇襲敵人意想不到的地方。

行軍千里而不覺疲勞，是因為行走在沒有敵人阻礙的地區；攻打敵人必然得手，是因為攻打的是敵人沒有防守的地點；防守而固若金湯，是因為設防於敵人必會進攻的地方。所以善於進攻的人，能使敵人不知道應該怎麼防守；善於防守的人，能使敵人不知道應該如何進攻。深奧啊，精妙啊，竟然見不到一點我軍的形跡；神奇啊，玄妙啊，居然能不漏出一點我軍的消息。所以能夠把敵人的命運牢牢掌握在手中。

進攻時，敵人無法抵禦，那是因為攻擊的是敵人兵力空虛的地方；撤退時，敵人無法追擊，那是因為我軍行動迅速敵人根本無法追上。所以如果我軍要出兵決戰，敵人就算壘高牆挖深溝，也不得不出城來與我軍交戰，這是因為我軍攻擊了它非救不可的要害之處；我軍不想與敵軍交戰，哪怕只是在

地上畫出界限權作防守，敵人也無法與我軍交戰，這是因為我已設法改變了敵軍進攻的方向。

所以設法使敵人顯露形跡而使我軍隱蔽得無影無形，這樣可使我軍的兵力集中而使敵軍兵力分散。我軍兵力集中在一處，敵人的兵力分散在十處，這就使我能有十倍於敵的兵力去攻打敵人，從而形成敵眾我寡的絕對優勢。既然造成了以眾擊寡的態勢，那麼我軍所攻擊的敵軍就必然勢單力薄。我方計畫與敵人決戰的地點，敵人是不可能知道的，敵人不知道決戰的地方，敵人所要防備的地方就多了；敵人設防的地方越多，那麼我軍進攻所面對的敵人就少了。所以前面設防則後面薄弱，後面設防則前面薄弱，左面設防則右面薄弱，右面設防則左面薄弱，處處設防則處處兵力薄弱。兵力不足，全是因為被動分兵防禦敵人；兵力充足，是由於只要迫使敵人防禦我方。

所以，只要預先知道交戰的地點和時間，即使行軍千里也可以去與敵人交戰。預先不知道交戰的地點和時間，就會左翼不能救右翼，右翼也不能救左翼，前面不能救後面，後面也不能救前面，更何況遠的相距十里，近的也要相隔好幾里呢？依我對吳國所作的分析，越國雖然兵多，但對決定戰爭的勝敗又有什麼幫助呢？所以說，勝利是可以努力爭取的，敵人雖然兵多，卻可以使敵人無法有效地參與戰鬥，從而喪失戰鬥力。

透過仔細分析可以判斷敵人作戰計畫的優劣得失；透過挑動敵人，可以了解敵方的活動規律；透過示形誘敵來了解敵人的有利條件和致命弱點；透過試探性進攻，可以探明敵方兵力布置的強弱多寡。所以，偽裝示形誘敵的方法運用是極其巧妙時，就能一點破綻也沒有。到這種境地，即使隱藏再深的間諜也不能探明我方的虛實，即使智慧高超的敵手也想不出對付我們的辦法。根據具體敵情採取靈活的制勝策略，即使擺在眾人面前，眾人也理解不了其中的奧妙所在。人們都知道我克敵制勝的方法，卻不能知道我軍是怎樣運用這些方法制勝的。所以戰勝敵人的策略戰術每次都是不一樣的，而是針對不同的敵情靈活運用，變化無窮。

用兵打仗的規律就像水的流動規律一樣，水的流動從高向低；用兵打仗的規律是避開敵人堅實之處而進攻其薄弱之處。流水的方向是由地勢的高低

所決定的，軍隊作戰也是根據不同的敵人而選擇不同的制勝方法。所以說，用兵打仗沒有固定不變的方法，流水也沒有一成不變的形狀。能夠根據敵人變化而採取相應戰術取勝的，就可以說是「用兵如神」了。所以五行相生相剋沒有哪一行可以永遠占優勢，四季輪迴更替也沒有哪一個季節可以永遠固定不動；一年之中，白晝有時長有時短；一月之中，月亮也是有滿有虧。

闡釋

　　「虛」與「實」相對成義。「虛」，空虛；「實」，充實。在此「虛實」就是指軍隊的堅強與虛弱。本篇將這對矛盾提到標題地位，是因為「虛」與「實」是解決用兵問題的關鍵。作戰必須掌握敵我雙方的「虛實」情況，做到避「實」而擊「虛」。唐太宗說：「用兵識虛實之勢，則無不勝。」

　　孫子開篇便說：「善戰者，致人而不致於人。」所謂「致人」，就是調動敵人；所謂「致於人」，就是被敵人調動。孫子認為，高明的將領，應該去調動敵人而不能被敵人所調動。換言之，就是「爭取主動，先發制人」。

　　關於「致人」，孫子還提出了許多行之有效的方法：

　　「先處戰地而待敵」。就是搶在敵人前面占領陣地、做好準備、搞好休整、完成作戰部署，以逸待勞，這樣便能居於有利地位，就能從容作戰。對於防禦之敵，則要設法使他由安逸變得疲勞，由飽食變成饑餓，由安處變成奔命。

　　「以一擊十」。即運用某種手段分散敵人的兵力部署，將敵人分散於十處，而我方兵力卻集中於一處，這樣，我方的兵力就相當於敵人的十倍，從而形成以相對優勢兵力戰勝劣勢兵力的局面。

　　「夫兵形像水」。用兵打仗就好像流水一般，無常勢、無恆形、沒有固定的規律，只有依據敵方、戰場的具體情況的變化而變化才是取勝之道。

　　活學活用

《虛實篇》之一──善戰者，致人而不致於人

凡先處戰地而待敵者佚，

後處戰地而趨戰者勞。

故善戰者，

致人而不致於人。

《孫子兵法》與軍事──王翦滅楚

在一場戰爭中，誰掌握了戰爭的主動權，誰就會取勝，因此爭取主動，避免被動，歷來是兵家所不懈追求和渴望得到的。如何才能爭取主動、避免被動呢？用孫子的話說就是「凡先處戰地而待敵者佚，後處戰地而趨戰者勞。」在軍事上，處戰者就能先敵做好準備、先敵進行休整、先敵完成戰役部署，以逸待勞，從容作戰。

秦國名將王翦，在秦國吞併韓、趙、魏的諸多戰役中，屢建功勛，深得秦王政的信任。

西元前二二六年，秦王準備吞併楚國，他問李信攻楚需要多少兵馬。這位驍勇的青年將軍說：「二十萬足矣。」秦王又問王翦，王翦答道：「非六十萬不可，二十萬人攻楚必敗！」秦王不由得暗嘆：「王翦老矣！」於是秦王命李信率二十萬大軍攻楚。

西元前二二五年，李信一鼓作氣攻下平輿。楚國上下為之震驚，楚王拜項燕為大將，帶兵二十萬，水陸並發，火速迎戰李信。李信不是項燕的對手，被項燕伏下的七路兵殺得大敗而逃。項燕一連追殺三天三夜，秦兵死傷無數，將尉多人被殺。秦王得報，方後悔未聽王翦之言。李信出征之時，王翦就已託病回家養老。秦王政親自到王翦家，敦請王翦出征。王翦說，「大王要是真用我，非得用六十萬人不可。」「滅一個楚國，為什麼得這麼多部隊？」秦王疑惑地問。「大王，用兵多少，全在根據實際情況。想那楚國地域遼闊，兵多將廣，不用六十萬難以取勝。」王翦分析說。秦王應允，他把王翦請回朝中，拜為大將，統率傾國之兵六十萬伐楚。

臨行之際，王翦自懷中取出一個竹簡，呈給秦王。秦王一看，不由得笑了起來。原來簡上寫的是請秦王多多賜他良田美宅。秦王說：「將軍得勝回來，寡人怎能虧待於你，不必擔心。」王翦統兵出征後，又五次派人回朝請求賞賜良田。部下都笑他過於貪心，王翦說：「哎，我這不過是表示自己胸無大志罷了，試想，秦王把全國軍隊交我指揮，難得不生疑啊！」部下點頭嘆服。

王翦一路勢如破竹，占領了楚國陳至平輿之間的大片土地。楚王把國中兵馬全都調來迎敵。

王翦連營四十里，項燕每日派人挑戰，王翦始終堅守不出。「王翦老了，竟然如此膽怯。」項燕想。

王翦不斷地改善士兵的伙食，讓他們痛痛快快休息，自己還和士兵們同吃一鍋飯，將士們感恩戴德，每每請求出戰，王翦只是不允。

王翦不準自己的兵士進楚界打柴，但楚人過來，他卻命人以酒肉相待，然後放回。王翦的兵閒著無事，竟然玩起跳高、投石的遊戲來，王翦暗中派人記下遊戲的勝敗，以觀測他們體力的強弱。

一晃幾個月就這樣過去了，秦兵只養得精力充沛，體格健壯，而楚兵卻早已麻痺懈怠。這一天，王翦突然下令攻楚，他挑選了兩萬勇士作為衝鋒隊，將士們個個鬥志高昂，以一頂百。楚軍毫無準備，倉皇應戰，大敗而逃，秦兵緊追不捨，直追到蘄南，楚大將項燕被殺。時隔不久，又攻入楚新都壽春，楚王被擒，貶為庶人。

吞併楚國後，秦王政大宴功臣，他讚揚說：「老將軍王翦知用兵之多寡，真良將也！」

《孫子兵法》與商業——「東方化工」巧覓「知音」

在企業的經營管理中，「先處戰地」關係到企業的生死存亡。一般而言，一種新產品、一項新技術，總會有許多公司在同時進行開發、研究，誰先進軍市場，誰就能取得主動權。

北京東方化工廠是一所靠引進國外先進技術、先進設備，以生產丙烯酸為主的化工廠。這所化工廠年生產能力為三萬八千噸，據調查，當時國內市場年所需丙烯酸量僅為一萬噸，這樣，工廠尚未投產，產品就面臨「過剩」的窘況。

丙稀酸是一項填補國內空白的重要化工產品，但是，產品沒有銷路又是個關係到工廠前途和命運的大問題。工廠領導在經過慎重考慮後，決定採用建廠和開發市場同步進行的策略。

整整兩年，化工廠的二十多位化工專家走遍中國幾十個省、市、自治區，深入到兩百五十二個不同行業的企業進行了調查，摸清了丙烯酸的市場脈胳，以嶄新的方式開發丙烯酸的新市場。

（一）「試用」。東方化工廠投資四十萬元，從國外買回三百噸丙烯酸，以低價「贈送」給全國各地需要使用丙烯酸的工廠企業，請這些企業「試用」，並坦言相告：將來東方化工廠的產品就是這樣，如果有異，保證退貨。

（二）「開發」。河南新鄉化工四廠本來不需要丙烯酸這種原料，東方化工廠大膽地把石油研究院研製的泥漿處理劑成果介紹給新鄉化工四廠，同時送去二十噸丙烯酸供他們使用。結果，河南新鄉化工四廠名聲鵲起，成了大慶油田和勝利、中原等幾個大油田的主要供貨者；同時，新鄉化工四廠也成了東方化工廠的最大主顧之一。

東方化工廠高瞻遠矚，未雨綢繆，巧覓「知音」，充分掌握了市場的主動權，產品投產後，盈利頗豐。

《孫子兵法》與處世 —— 李斯特・法蘭茲拜師

「致人而不致於人」是一種主動出擊的致勝謀略。對於我們的生活同樣具有非凡的意義。生活中，許多人之所以無法取得成功，往往是因為缺乏主動出擊的勇氣。幸運女神從來不垂青四體不勤的人，正如哲人所說：「成功等於百分之一的天賦加百分之九十九的汗水。」

李斯特‧法蘭茲是十九世紀歐洲新浪漫主義樂派的創始人，歐洲最優秀的鋼琴表演藝術家——從小就顯示出無與倫比的音樂天賦。

　　法蘭茲的父親李斯特‧亞當是一位音樂愛好者。每天晚上，小法蘭茲都坐在鋼琴旁，如醉如痴地聽父親演奏。

　　一天，亞當問兒子，「你記住了一些曲調嗎？」

　　小法蘭茲奇怪地望著父親：「怎麼是『一些』呢？我全都記住了！」

　　「真的？」父親有些不相信，他考了考兒子，一切都跟兒子說的一樣，又驚又喜的父親於是開始教兒子唱歌、彈琴。這時，法蘭茲剛五歲。

　　小法蘭茲整天泡在鋼琴旁，他以比一個中等程度的孩子快十倍、百倍的速度吸收著當老師的父親教授的一切。很快，父親面臨了一個尷尬的局面：他已沒什麼新東西可以傳授給兒子了，而且，兒子在識譜方面顯示出異乎尋常的才能，在他面前放一本樂譜，只要讓他看一眼，就馬上能演奏，拿走樂譜他可以憑記憶演奏全曲！

　　到維也納去，給兒子找一位真正的導師。

　　亞當找到他的上司，請求幫助，「公爵大人，我是您的多波爾揚牧羊場的首席會計員，我懇請您允許我的兒子法蘭茲為您進行表演。」

　　公爵也是一個音樂迷，他答應了亞當，並讓亞當把兒子帶到他面前，然後，他拿來一本樂譜放在鋼琴架上，說：「孩子，你彈一下第七頁。」

　　法蘭茲先通讀了一遍樂譜，然後平靜地開始演奏。

　　突然，公爵問道：「孩子，你演奏的是什麼調？」

　　「D 小調。」

　　「那你用 B 小調再重奏一次。」

　　法蘭茲連瞬間的猶豫都沒有，立刻用 B 小調彈奏起來，節奏既不快也不慢，恰到好處。

公爵大為驚異。「難以想像！」他轉而對亞當說：「你可以到總管那裡去報到，他會派人幫你辦理去維也納的通行證。」

然而，孩子的母親不願意去維也納，而總管大人也沒有給亞當在維也納安排工作。

亞當沒有改變主意，他變賣了所有的家產，鋼琴、櫥櫃、圖書、家禽和唯一的珍品——一塊舊金錶，然後義無返顧地邁入維也納，找了一個房租不高的房子住了下來。

亞當挨門挨戶地拜訪了維也納的先生們，但是，所有的先生都指出：能給這個孩子當老師只有一個人——貝多芬的學生卡爾・車爾尼。

車爾尼在一個星期六，抱著某種不大相信的心情接待了這兩位不速之客。

當亞當帶著十二分的虔誠、忐忑不安地說明自己的來意之後，車爾尼答道：「很遺憾，我實在太忙，無法接收新的學生。」

老李斯特・亞當似乎一下子衰老了許多，他痛苦而失望地站了起來：「先生，我們遠道而來，為了這孩子的教育問題，已經承受了巨大損失……」

「望子成龍總要付出代價的……」

法蘭茲不願意聽成年人乏味的對話，從椅子上溜下來，輕手輕腳地走到鋼琴邊，他掀開鋼琴蓋，坐在琴凳上演奏起來。

車爾尼大為惱火，在他的房間裡，居然有人敢如此粗魯無禮！但是，小法蘭茲的琴聲太美了！這位著名教育家的怒火轉眼之間就被驚嘆取代了：「這孩子跟誰學的？」

「教授先生，他是跟我練的。」

一道慈祥的目光從車爾尼的眼鏡片後面閃過：「教這孩子的事，我願意承擔！」

從此，法蘭茲的表演藝術提高得更快了。

「虛」與「實」是解決用兵問題的關鍵。作戰必須掌握敵我雙方的「虛實」情況，做到避「實」而擊「虛」。

▌《虛實篇》之二——兵之形，避實而擊虛

夫兵形像水，

水之形，避高而趨下，

兵之形，避實而擊虛。

《孫子兵法》與軍事——鐵木真巧破勁敵

「虛」，空虛；「實」，充實。做人不可欺弱，而打仗則要「避實而擊虛」。戰爭中，要盡量避開敵人強大的一面，找出其虛弱之處予以重擊。

鐵木真成為蒙古部首領之後，招攜懷遠，舉賢任能，勢力一天天地強盛起來。曾與鐵木真結為盟友的札木合心懷不滿，尋機要與鐵木真一較高低。

鐵木真的叔父拙赤居住在撒阿里川一帶，他經常令部屬到野外放牧馬群。一天，他的一群馬被人劫走，放馬人急忙通報拙赤。拙赤極為憤怒，隻身一人前去追趕。傍晚時分，拙赤追上劫馬者，用箭把為首的那個人射倒，然後乘亂將馬群趕回。

原來，拙赤射中的那個人正是札木合的弟弟。札木合聞訊悲恨交加，遂聯合塔塔兒部、泰赤烏部等十三部，合兵三萬，殺奔鐵木真的營地。

鐵木真得到消息後，立即集合部眾三萬人，分作十三翼，做好迎敵的準備。開始的時候，鐵木真的部隊抵擋不住來勢洶洶的札木合軍，不得不且戰且退。

在軍務會議上，博爾朮對鐵木真說：「敵軍氣焰方盛，意在速戰速決，我軍應以逸待勞，等敵軍力衰之時再出擊掩殺，定獲全勝。」鐵木真採納了博爾朮的意見，集眾固守。札木合幾次遣軍進攻，都被鐵木真的弓箭手射退。

　　本來，草原興兵，不帶軍糧，專靠沿途搶掠或獵獲飛禽走獸。札木合遠道而來，軍糧漸少，又無從搶奪，士兵只得四處覓野物，整日不在軍營當中。博爾朮見敵軍東一隊，西一群，勢如散沙，立即入帳稟報鐵木真。鐵木真認為時機已到，遂命各部奮力殺出。

　　此時的札木合正在帳中休息，得知鐵木真發動進攻，慌忙吹號角集合部隊，可是他的士兵大多數出外捕獵，來不及歸營。札木合手下的十二個主將因敵不過排山倒海而來的鐵木真軍，紛紛落荒而逃。札木合見大勢已去，騎快馬從帳後逃走。已養足精力的鐵木真軍，輕易地將在營中的札木合部隊數千人全部消滅。

　　這場戰鬥結束後，鐵木真在蒙古草原的聲威日震，附近的部落紛紛前來歸附。

《孫子兵法》與商業——蓋斯門刮鬍刀後來居上

　　在商界，如果「不戰而全勝」是你的策略目標，那麼「避實而擊虛」就是達到這個目標的關鍵。透過集中公司的資源來攻擊競爭對手的致命弱點，你就會獲得成功。

　　二十世紀初，美國年輕的推銷員金・吉列發明了安全刮鬍刀，進軍市場後，十分熱銷。由此，他創辦了金・吉列刮鬍刀公司。當金・吉列的刮鬍刀在市場上大紅大紫時，蓋斯門公司沒有像其他競爭者那樣，一心想搶在金・吉利公司的前頭，而是不動聲色地尾隨其後，祕密地進行大量而周密的市場調查，收集金・吉列刮鬍刀的弱點。

　　十七年後，蓋斯門公司推出了一種兩面使用、鋒利安全的刀片，它既能安在蓋斯門公司生產的刀架上使用，又能安在金・吉列公司的刀架上使用。這種刀片進入市場後，很受顧客歡迎。而金・吉列的老用戶，也紛紛改用蓋斯門產品。惱羞成怒的金・吉列公司連忙推出雙面刀片。然而蓋斯門公司立刻避開刀片上的刀架，推出既能使用蓋斯門公司的刀片，又能使用金・吉利公司新推出刀片的刀架。財大氣粗的金・吉列公司推翻了原來的刮鬍刀整個

設計，研製出刀架通用型、刀片雙面刃的刮鬍刀，企圖壓垮蓋斯門這個後生，誰知蓋斯門又研製出刀架重量輕、雙面不繡鋼刀片的刮鬍刀。

蓋斯門公司三發重重的炮彈，發發打中金·吉列公司的後腦勺，在十多年的較量中，金·吉列公司刮鬍刀的全球市場占有率從最初的百分之九十下降到不足百分之二十五，而百分之七十五的市場則被以蓋斯門為代表的後來居上者瓜分。

《孫子兵法》與處世——避實擊虛，以情動人

兵法中講「避實而擊虛」，是因為「虛」比「實」易攻，而且會對「實」產生巨大的影響。而人與人相處的過程中，最關鍵的「虛」莫過於攻心，以情感人。

在美國經濟大蕭條時期，有一位十七歲的女孩好不容易才找到一份在高級珠寶店當售貨員的工作。

在聖誕節的前一天，店裡來了一位三十歲左右的貧民顧客。

他衣衫襤褸，一臉的悲哀、憤怒，他用一種熾熱的目光，盯著櫃檯裡那些貴重的高級首飾。

這時，女孩要去接電話，一不小心，把一個碟子碰翻，六枚精美的金戒指落到地上。

她慌忙撿起其中的五枚，但第六枚怎麼也找不著。

這時，她看到那個三十歲的男子正向門口走去：頓時，她意識到戒指在哪裡。

當那男子的手將要觸及門把時，女孩柔聲地叫道：

「對不起，先生！」

那男子轉過身來，兩人相視無言，足足有一分鐘。

「什麼事？」

他問，臉上的肌肉在抽搐。

「什麼事？」

他再次問道，充滿著一種說不出來的哀怨的神情。

「先生，這是我好不容易找到的工作，現在找事兒做很難，是不是？」

女孩神色黯然地說，眼眶中充滿著哀傷的淚水。

男子長久地審視著她，終於，一絲柔和的微笑浮現在他臉上。

「是的，的確如此。」他回答。

「但是我想，您在這裡會做得不錯。」

停了一下，他向前一步，伸手與她相握。

「我可以為您祝福嗎？」

他轉過身，慢慢向門口走去。

女孩目送他的身影消失在門外，轉身走向櫃檯，把手中握著的一枚金戒指放回了原處。

用兵作戰沒有固定不變的方式方法，就如同水沒有固定的形態一樣，能根據敵情變化而取勝的，就叫用兵如神。

▊《虛實篇》之三——兵無常勢，水無常形

兵無常勢，水無常形；

能因敵變化而取勝者，謂之神。

《孫子兵法》與軍事——魏舒隨機應變破戎狄

赫拉克說：「世間的一切事物都是在不斷變化的。」戰爭也是如此，戰場上的情況瞬息萬變，因此，選擇作戰方向、制定作戰方針以及實施作戰計

畫，都必須隨敵變化而變。孫子說：「能根據敵情變化而取勝的，就叫做用兵如神。」

春秋時期，太原是戎狄人集居的地區，他們經常侵擾晉國的北部地區。晉平公十七年，荀吳奉晉侯之命，率千乘戰車，浩浩蕩蕩討伐戎狄。可部隊一開進戎狄境內，就吃盡了苦頭：那裡溝壑縱橫交錯，道路崎嶇，眾多的戰車和士兵擁擠在窄窄的山道上，稍不留神，戰車就會翻進山溝。戎狄士兵不時乘機衝出來襲擊，他們地形熟悉，凶猛強悍，越溝跳澗，如履平地，來得快，去得也快，轉眼之間，就跑得無影無蹤，晉軍只有被動挨打的份兒。眼見隊伍日漸混亂，人心惶惶，荀吳憂心如焚。

大將魏舒建議說：「這鬼地方，四十名士兵跟一輛戰車反而絆手絆腳，不如每車只用十名，定能取勝。」

荀吳應允，並交由魏舒去辦理。魏舒帶著新組建的戰車同戎狄人交戰，果然勝了。

正當晉軍高興之時，情況又發生了變化，戎狄人戰敗後，退守山林，兵車根本進不去，無法追擊。

魏舒又建議說：「將軍，我們應丟棄兵車，重新更制編伍，跟戎狄人一樣，徒步作戰！」

荀吳覺得有道理，於是，魏舒就開始著手改編部隊。沒想到他自己的車兵卻鬧起事來，他們不願意和步兵同列，魏舒當場殺了那個鬧事的，餘者肅然聽命。魏舒把車兵和步兵混編在一起，五人一伍，作為戰鬥的最小組織。又把伍編成能互相配合應援的軍陣：作戰之時，前面布二伍，後面布五伍，右面一伍，左面三伍，形成後強前弱中間空的方陣。他還挑選出十伍機警的士兵組成突擊隊，互相支援。

魏舒帶著這支新編組的隊伍向深山密林中進發。躲在林中的戎狄人見晉兵一反常態，無車無馬，部隊零星分散，不由得哈哈大笑。他們也沒布陣就衝過來，兩軍相接，晉兵假裝敗退，戎狄兵滿不在乎地追過來。一聲鼓響，晉軍從三面掩殺過來，把他們分割包圍，戎狄頓時亂作一團，慌忙轉身逃命。

不料，歸路早被布置在陣前的士兵切斷，待往左右潰逃時，又被晉軍的左右諸伍截住廝殺。死者無數，所剩的戎狄部族只好投降，接著晉軍又用相同的陣法取得了一個又一個的勝利。

《孫子兵法》與商業——暢銷的菸灰缸

商場中「因敵變化而取勝」，是要求商家根據瞬息萬變的商情而變，按照商場及競爭者的狀況來制定策略，這要求商家有獨到的眼光和魄力。

浙江省有一家以出口菸灰缸而聞名的工廠，其經營祕訣是：主隨客變，以變應變。

該廠生產的菸灰缸質地優良，造型精雅，進軍國際市場後，一直很受客戶歡迎。但是，有一段時間，菸灰缸突然滯銷。工廠急忙派人赴國外考察，很快找出了滯銷的原因：國外掀起了一種使用壁掛電扇的熱潮，工廠生產的菸灰缸缸底過淺，電風扇一吹，菸灰飛出來，四處飄散，令家庭主婦們叫苦不迭。工廠立即生產了一種缸底深、容積大的菸灰缸，進軍國外市場後，一售而空。

過了幾年，菸灰缸再次滯銷。

「是市場已經飽和？還是出現了新的情況？」工廠再次組織有關人員進行調查，又很快找出了滯銷原因：由於經濟的發展，國外許多家庭已將壁掛電風扇淘汰，換上了空調，家庭主婦們嫌這種缸底深、容積大的菸灰缸不好清洗，因此不願意使用它們。工廠針對新的變化又及時地推出了一種造型別緻的菸灰缸，進軍市場後，備受用戶的青睞。

《孫子兵法》與處世——老吏的妙計

能根據敵情變化而應付自如，就能做到用兵如神；能根據對方心理的變化，審時度勢採取不同的策略，就能做到處世如神。

明代的安吉州曾發生過一件這樣的事：

某富豪人家娶兒媳，三親六故和鄰里都來慶賀，一個小偷也混了進來，潛入洞房，一頭鑽入床底。小偷本想乘新郎、新娘你歡我愛之機偷些金銀首飾離去。不料，一連三天三夜，洞房內外，燈火通明，人員不斷。小偷躲在床下，饑渴難忍，只好冒險從床下爬出來，拔腿向外逃去。

　　新郎、新娘突然看見床下爬出個人來，嚇得魂飛魄散，「哇哇」亂叫，屋外的人聽到驚呼聲，又看見從屋中跑出來一個陌生的人，一擁而上將小偷擒獲，送至官府。

　　縣令立即開庭審問。小偷矢口否認自己是個盜賊，再三申明自己是新娘娘家派來的「郎中」，小偷爭辯說：「新娘從小就有一種怪病，娘家擔心她的病復發，讓我跟隨而來，臥在床下，以便及時治療。」

　　縣令半信半疑，又拿新娘娘家的事情來盤問，小偷對答如流，並說：「請讓新娘來當堂對證，以辨清白！」

　　縣令一想，也只好這樣了，便傳令原告去帶新娘子來。原告回到家中，與新娘、新郎商量，新娘寧死也不肯出堂對證，新郎也寧可輸掉官司而不願意讓愛妻拋頭露面。縣令無計可施，便問身邊的一位老吏：「你看這事如何是好？」

　　老吏道：「我看被告賊頭鼠腦，不像好人。他料定新娘斷然不肯出醜，才敢大言不慚讓新娘來對證，如果放掉他，豈不是助紂為虐？」

　　縣令道：「依你看，怎樣做才可令他顯露原形？」

　　老吏說：「被告躲在床底，又是倉皇逃出屋，新娘子生得如何模樣，他未必清楚，只消如此、如此……」

　　縣令大喜，立即派人去妓院找了一名年輕妓女，穿上新婚禮服，坐上花轎，一直抬到縣府公堂門外。

　　縣令對小偷說：「新娘子己被傳來，你可敢與她對證？」

　　小偷道：「有何不敢？」邊說，邊迎向款款走出花轎的妓女，大聲嚷道：「新娘子！你母親讓我跟隨你來治病，你為什麼讓婆家的人把我當做賊送到這裡來？」

　　小偷的話還沒說完，滿屋子的人哄堂大笑起來。因為這新娘子根本不是本來的新娘子，立刻穿幫小偷認識新娘子的謊言。

　　縣令一拍驚堂木：「來人！將這無恥賊人拉下去重打三十大板！」

　　小偷情知事情敗露，立刻跪倒在地，連連求饒。

第七篇 軍爭篇

「軍爭」指軍事鬥爭，即敵我雙方在戰場上的對抗交鋒。孫子認為，用兵打仗最困難的在於如何「以迂為直，以患為利」，實際上，就是如何變不利條件為有利條件。要根據行軍時的具體情況，權衡利弊，計算得失，制定妥善周密的戰鬥計畫。

「以迂為直」是兵法中較高的境界，正如英國軍事理論家利德爾‧哈特所說：「最漫長的策略道路，通常是達到目的的最短途徑。」

原文

孫子曰：凡用兵之法，將受命於君，合軍聚眾，交和而舍，莫難於軍爭。軍爭之難者，以迂為直，以患為利。故迂其途而誘之以利，後人發，先人至，此知迂直之計者也。

故軍爭為利，軍爭為危。舉軍而爭利則不及，委軍而爭利則輜重捐。是故卷甲而趨，日夜不處，倍道兼行，百里而爭利，則擒三將軍；勁者先，疲者後，其法十一而至；五十里而爭利，則蹶上將軍，其法半至；三十里而爭利，則三分之二至。是故軍無輜重則亡，無糧食則亡，無委積則亡。

故不知諸侯之謀者，不能豫交；不知山林、險阻、沮澤之形者，不能行軍；不用鄉導者，不能得地利。故兵以詐立，以利動，以分合為變者也。故其疾如風，其徐如林，侵掠如火，不動如山，難知如陰，動如雷震。掠鄉分眾，廓地分利，懸權而動。先知迂直之計者勝，此軍爭之法也。

《軍政》曰：「言不相聞，故為金鼓；視不相見，故為旌旗。」夫金鼓旌旗者，所以一人之耳目也；人既專一，則勇者不得獨進，怯者不得獨退，此用眾之法也。故夜戰多火鼓，晝戰多旌旗，所以變人之耳目也。

故三軍可奪氣，將軍可奪心。是故朝氣銳，晝氣惰，暮氣歸。故善用兵者，避其銳氣，擊其惰歸，此治氣者也；以治待亂，以靜待嘩，此治心者也；

以近待遠，以佚待勞，以飽待饑，此治力者也；無邀正正之旗，勿擊堂堂之陣，此治變者也。

故用兵之法：高陵勿向，背丘勿逆，佯北勿從，銳卒勿攻，餌兵勿食，歸師勿遏，圍師必闕，窮寇勿追，此用兵之法也。

譯文

孫子說：用兵的原則是，將帥領受國君的命令，從徵集民眾、組編軍隊，到開赴戰場與敵對峙，沒有比率先爭取到有利的先機更困難的了。爭取先機之所以困難，就在於以迂迴進軍的方式實現更快到達預定戰場的目的，把不利的因素變為有利的因素。所以，設法使敵軍的進兵道路變得迂迴彎曲，用小利引誘敵人上當而改變它的行軍路線，就能做到我軍雖後於敵軍出發，卻能先於敵軍到達戰場，占領有利陣地。這才是真正懂得以迂為直的將帥。

爭奪有利條件，既有獲得先機之利的可能，也有走向危險局面的可能。如果全軍出動，帶著全部裝備輜重去爭奪先機之利，往往無法按時到達預定地域；如果丟下裝備輜重去爭奪，就會損失裝備輜重。讓將士捲起盔甲輕裝前進，晝夜不停，一天走兩天的路程，急行百里去爭先機之利，則三軍的將帥都可能被敵軍所俘虜。健壯的士卒能夠先到戰場，疲弱的士卒必然落後，結果一般只有十分之一的兵力到達預定目的地。用這樣的方法，急行五十里去爭利，前軍的將領就會遭受挫敗，兵力也只有一半可以如期到達；同樣，急行三十里去爭利，也只能有三分之一的兵力能如期到達。要知道，軍隊沒有輜重就會被殲滅，沒有糧草供應就不能生存，沒有戰備物資儲略就必然失敗。

所以，不了解諸侯各國的策略意圖，就不要和他們結成聯盟；不知道山林、險阻和沼澤的地方分布，就不能行軍；不使用當地人做嚮導，就不能掌握和利用有利的地形。所以說，用兵打仗得依靠詭詐多變來取勝，根據是否有利來決定自己的行動，按照分散或集中的方式來變換戰術。軍隊的行動，迅速時應如疾風一樣急驟；行進從容時，如森林徐徐展開；進攻時像烈火一樣猛烈；防禦時如山岳一樣沉穩；軍隊隱蔽時，如烏雲蔽日；大軍出動時，

如雷霆萬鈞般勢不可擋。奪取敵國的鄉邑，應分兵行動。開拓疆土，應該分兵據守要害之地。這些都應該權衡利弊，根據實際情況，見機行事。只有懂得「以迂為直」的戰術才會獲勝，這就是爭奪先機之利的基本原則。

《軍政》說：「在戰場上用語言來指揮，士卒聽不清，所以設置了金鼓；用動作來指揮，士卒看不見，所以用旌旗。金鼓、旌旗是用來統一指揮軍隊行動的，這樣勇敢的將士就不會單獨前進，膽怯的也不敢獨自退卻。這就是指揮大軍作戰的方法。所以，夜間作戰，要多用火光鑼鼓；白天打仗要多用旌旗指揮。這些是用來擾亂敵方的視聽的。

對於敵軍，可以挫傷其銳氣，使其喪失士氣，對於敵方的將帥，可以動搖他的決心，喪失鬥志。一般情況下，剛剛投入戰鬥時軍隊的士氣飽滿旺盛，經過一段時間士氣就會逐漸懈怠減弱，最後士氣便完全衰竭，人人思歸了。所以，善於用兵的人，總是避開敵人士氣旺盛、鬥志高昂的時候，等到敵人士氣低落、衰竭的時候再發起攻擊，這是針對士氣而用兵的方法。用治理嚴整的我軍來對付軍政混亂的敵軍，用我鎮定平穩的軍心來對付軍心躁動的敵人，這是掌握敵軍心理而用兵的方法。以我就近占領的陣地迎戰長途奇襲之敵；以我軍安逸穩定對倉促疲勞之敵；以我飽食之師對饑餓之敵。這是掌握軍隊戰鬥力而用兵的辦法。不要去迎擊旗幟整齊、部伍統一的敵人，不要去攻擊陣容整肅、士氣飽滿的敵人，這是掌握靈活機變的用兵原則。

所以，用兵的原則是：對占據高地、背倚丘陵之敵，不要作正面仰攻；對於假裝敗逃之敵，不要跟蹤追擊；敵人的精銳部隊不要強攻；敵人的誘餌之兵，不要貪食；對正在向本土撤退的部隊不要去阻截；對被包圍的敵軍，要預留缺口；對於陷入絕境的敵人，不要過分逼迫，這些都是用兵的基本原則。

闡釋

本篇是《孫子兵法》的第七篇，前六篇基本屬於軍事理論的論述，從本篇開始，則由理論轉入實戰，重點講述策略、戰術在戰爭中的具體應用。

孫子認為，用兵打仗，從受命到與敵交戰，最困難在於爭奪有利的時機，如何「以迂為直，以患為利」。實際上，就是如何變不利條件為有利條件。要根據行軍時的具體情況，如輜重、兵員、路程以及山林、沼澤等，權衡利弊，計算得失，制定妥善周密的戰鬥計畫。

當然，用兵打仗有許多不確定的因素，這又要求指揮者懂得各項治兵御變的法則，「能因敵變化而取勝」。還要懂得各種取勝的方法，如「兵以詐立」，「避其銳氣，擊其惰歸」等。之所以要知道這些，其實目的只有一個，「勝兵先勝而後求戰」。

活學活用

▌《軍爭篇》之一──以迂為直，以患為利

軍爭之難者，

以迂為直，

以患為利。

《孫子兵法》與軍事──劉備知「迂直之計」

在兩軍相爭的戰場上，迂──遠，意味著花費的時間多；直──近，意味著花費的時間少。但是，軍事對抗的雙方都在絞盡腦汁地破壞對方計畫的實現，如果一味地求「直」圖「快」，反而會適得其反。所以，在某種情況下，表面看來走的是迂迴曲折的道路，而實際上卻為更有效、更迅速地獲取勝利創造了條件。

在漢中之戰開始時，劉備在爭奪戰中處於不利的地位，但由於劉備知「迂直之計」，將不利因素化為了有利因素，成功地搶占了軍事要地──定軍山，從而爭得了這場戰爭的制勝權，最終占據了漢中，迫使曹軍退出四川，取得了這場爭戰的勝利，也鞏固了自己在四川的統治。西元二一五年，曹操率大軍進攻漢中的張魯。張魯是東漢時期「五斗米教」的道教傳教人，被東漢統治者封為鎮民中郎將後，領漢寧太守。張魯得知曹操進攻漢中，自思以漢中

一隅之地，不足與曹操對抗，想投降曹操，但他的弟弟張衛不同意。張衛在曹軍到達平陽關時，率領一萬多人據關堅守，平陽關最終還是被曹操攻破，張魯及巴中地區的首領均投降了曹操。因此，曹操基本上控制了漢中及巴中地區。

劉備對曹操勢力進入漢中，而且深入巴中地區十分擔心。他派部將黃忠出兵擊敗了曹軍在巴中地區的勢力，控制了這一地區。這時曹操的軍隊在漢中休整。主簿司馬懿曾向他建議，應抓住時機進攻益州。曹操鑒於西蜀守備不易攻破，且自己後方還不穩定，因而沒有採取軍事行動。不久，他把原駐守在長安的大將夏侯淵調來駐守漢中，自己領兵回到了中原。

漢中的地理位置對於劉備、曹操來說都是十分重要的。它是四川東北的門戶，曹操占據漢中，可以使益州北方無險可守，這對占據四川不久的劉備無疑是極大的威脅；而漢中如果被劉備占據，那麼劉備則進可以攻關中，退可以守益州。因此，劉備決心將漢中奪回自己的手中。西元二一七年，劉備親率主力進攻漢中，留諸葛亮守成都，負責軍需供應。劉備大軍進攻陽平關，想攻下這一策略要點。他選精兵萬餘輪番攻戰，始終沒能得手。雙方在陽平關相峙一年有餘。

西元二一九年正月，劉備經過充分的準備與策劃，決定採取行動以改變這種長期相峙的局面。他率軍避開地勢險要、防守嚴密的陽平關，南渡漢水，沿南岸山地東進，一舉搶占了軍事要地定軍山。定軍山是漢中西面的門戶，地勢險要，劉備占領了定軍山，就打開了通向漢中的道路，並且威脅著陽平關曹軍側翼的安全。夏侯淵被迫使防守陽平關的兵力東移，與劉備爭奪定軍山。為防止劉備進軍和北上，曹軍在漢水南岸和定軍山東側建營壘，修圍寨，設鹿角。劉備軍夜攻曹營，火燒南圍鹿角。夏侯淵命張部守東圍，自己則親率輕騎往救南圍。劉備軍又轉而急攻東圍，並派黃忠率精兵埋伏在東、南圍之間的險要地段。張部不支，夏侯淵又急忙率軍回援東圍。黃忠居高臨下，以逸待勞，突然攻擊回援的夏侯淵。夏侯淵軍毫無防備，戰敗潰逃，夏侯淵本人也被黃忠斬殺，張部率軍退守陽平關。

夏侯淵死後，曹軍由張部統領。曹操得知漢中戰場失利，親率主力從長安出斜谷，迅速趕赴陽平關前線救援漢中。這時，蜀軍士氣旺盛，劉備透過定軍山爭奪戰改變了以前的被動局面，也信心十足。他對隨從的部將說：「曹操即使再來，也將是無能為力了，漢中必然歸我所有。」待曹軍到達漢中後，劉備利用有利地形，據守險要之處而不與曹操決戰。同時，劉備遣遊兵擾襲曹軍後方，劫其糧草，斷其交通。曹軍攻險不勝，求戰不得，糧草缺乏，軍心恐慌，兵無鬥志，士卒逃跑不少。一個多月後，曹操不得不放棄漢中，全軍撤回了關中。劉備如願占據了漢中，不久，他派劉封、孟達等攻取了漢中郡東部的房陵、上庸等地，勢力得到了擴大與鞏固。漢中爭奪戰以劉備的勝利而告結束。

《孫子兵法》與商業——繩索大王兩頭賺

　　「以迂為直」的謀略運用到經營管理中，就是以一時的退讓或利益受損獲得客戶的信任，維護企業的信譽。其實，此時的損失，是為了更好地獲得。

　　日本的「繩索大王」島村在經商之初，使用了一種獨特的低價法。首先，他在麻的產地將五角錢一條的麻繩大量買進來後，又按原價一條五角錢賣給東京一帶的紙袋工廠。完全無利潤反而賠本的生意做了一年之後，「島村的繩索確實便宜」的名聲傳向四方，訂貨單從各地像雪片般地源源飛來。

　　於是島村又按部就班地採取了第二步行動，他拿著購物收據前去與訂貨客戶說：「到現在為止，我是一分錢也沒賺你們的，但如若長此下去，我只有破產的一條路了。」他的誠實感動了客戶，客戶心甘情願地把買價提高到五角五分錢。

　　與此同時，他又與供貨客商說：「您賣給我五角錢一條的麻繩，我是照原價出賣的，因此才有了這麼多的訂貨。這種無利而賠本的生意，我是不能再做下去了。」廠商看到他給客戶開的發票，大吃一驚，因為頭一次遇到這種不賺錢的生意人。廠商研究之後，決定以後每條繩以四角五分供應。

　　這樣兩頭一交涉，一條繩索就賺了一角錢。幾年後，島村從一個窮光蛋搖身一變成為日本的繩索大王。

《孫子兵法》與處世——郵票的妙用

「以迂為直」，「迂」是手段，「直」是要達到的目的。生活中，要達到某種目的，過於「直接」往往事與願違。而以「迂」為手段，從側面試探，反而更能奏效。

查理斯・華特先生是美國紐約某大銀行的職員。一次，某公司向該銀行申請一筆貸款，銀行對該公司的信用有懷疑，派華特先生去進行調查。恰好，該公司的董事長是華特先生的一位舊相識，華特先生便徑直進入了董事長的辦公室。

剛剛坐定，董事長的女祕書忽然從門後探進頭來，說了一句話：「真抱歉，今天沒有什麼郵票送給您。」

女祕書一眼看見辦公室中有客人，非常尷尬，把頭縮了回去，董事長也有些不好意思，連忙向華特解釋說：「我有個兒子，十二歲，正在收集郵票。」隨後把話題一轉，詢問華特的來意。

華特毫不隱諱地講明了自己的目的。董事長對銀行的疑慮有些反感，故意不回答華特的問題，令華特十分尷尬，華特只好與董事長話別。

回到家中，華特久久不能平靜。「太不夠朋友了。」他想，「但是，任務沒完成，不能交差，還得想辦法呀！」

華特忽然想起了那位女祕書，「該死的祕書小姐，也許正是因為她才把事情弄糟的。」華特在心中詛咒著。過了一會兒，女祕書的話又在耳邊響起：「……今天沒什麼郵票送給您。」華特跳了起來，「郵票！對，是郵票——董事長不是說他的兒子正在收集郵票嗎？銀行裡每天都有來自世界各地的郵件，世界各國的郵票都有，為什麼不在郵票上做做文章呢！」

第二天，華特帶著數十枚精緻的郵票去找董事長，並讓女祕書先去通報：「我是來給董事長送郵票的。」

董事長立刻熱情地接待了華特，兩個人從眼前的幾十枚郵票談起，一直談到最早出現的「黑便士」，董事長很高興地把愛子的照片拿了出來，讓華

特看。最後，不待華特開口，董事長就滔滔不絕地把該公司的情況一一向華特作了介紹，自己不明了的地方，董事長還召來部下讓部下給華特介紹。

華特先生終於圓滿地完成了上司交代的任務。

「兵以詐立」，概括了戰爭技法的主要內容。戰爭中，將帥必須以「詭道」為指南，以「奇正」變化為戰術，立足於「詐」，戰勝敵人。

▌《軍爭篇》之二──兵以詐立，以利動

故兵以詐立，

以利動，

以分合為變者也。

《孫子兵法》與軍事──劉錡雨夜殺敵

「兵不厭詐」是古今中外戰爭史上常出現的謀略。「詐」，即欺騙，這只是一種謀勝的手段。欺騙敵人，給敵人製造一種假象，是為了掩蓋自己的真實意圖，以求達到「攻其不備」，「出奇制勝」的目的。

西元一一四○年，南宋大將劉錡率軍堅守順昌，以阻止金兵的大舉南侵。

金兵在金兀朮的指揮下到達距順昌二十里的東村，準備圍攻順昌。

劉錡見敵人初來乍到，便決定趁敵立足不穩，先發制人。這天烏雲密布，雷聲隆隆，閃電不時劃破夜空。

劉錡忽然靈機一動，產生了雨夜殺敵的計策。

黃昏，天下起傾盆大雨，劉錡派出的五百精兵乘著雨夜摸進村莊，闖入金營，一陣刀斧揮舞，正在酣睡的金兵被砍得鬼哭狼嚎，亂作一團。

金將怕中了宋兵的埋伏，下令金兵後退十五里紮營。第二天晚上，劉錡又如法炮製，挑選一百名精兵，每人帶短刀一把，竹哨一個，冒雨摸進敵人

的營帳。在敵營中，他們趁閃電亮時就猛吹竹哨，大殺大砍。閃電一滅，就潛伏不動。

金兵在黑暗中被動挨打，氣急敗壞，奮力揮舞刀槍砍殺起來。結果，整整一個晚上，金兵不停地混戰，自相殘殺，直殺得血流成河，屍骸縱橫。其實，一百名宋兵早已安全離開金營。到了天亮，營中不見一個宋兵，金將才知道上了當，懊悔莫及，只得退兵休整。

《孫子兵法》與商業——以「聾」促銷

顧客人多數都有占「便宜」的心理，美國有一家商鋪，經營者是兩兄弟，他們就是利用顧客的這種心理，大賺其錢的。這正是「兵不厭詐」在商業上的活用之一。

美國服裝商德魯比克兄弟二人開了一家服裝店，他們的服務十分熱情。每天，哥哥都站在服裝店門口向行人推銷。但是這兄弟二人多少有點聾，經常聽錯話。

有一次，兩兄弟中的一個十分熱情地把顧客請到店中，反覆介紹某衣服如何如何好，一番介紹後，顧客問道：「這衣服多少錢？」

「耳聾」的哥哥德魯比克把手放在耳朵上問道：「你說什麼？」顧客又高聲問一遍：「這衣服多少錢？」

「噢，價格嗎？待我問一下老闆，十分抱歉，我的耳朵不好。」他轉過身去向那邊的弟弟大喊道：「這套全毛衣服賣多少錢？」

弟弟德魯比克站了起來，看了顧客一眼，又看了看服裝，然後回答說：「那套嘛，七十二元。」「多少？」

哥哥回轉身來，微笑著對顧客說：「先生，四十二元一套。」

顧客一聽，趕緊掏錢買下了這套「便宜」的衣服走掉了。

其實，德魯比克兄弟誰也不聾，他們是以「聾」來促銷的。

《孫子兵法》與處世——知縣巧斷「爭妻」案

「詐術」就是用虛假的言行掩蓋事實的真相。正所謂「醉翁之意不在酒」，說的正是這個道理。生活中，對付小人我們常常需要運用「詐術」，否則，難以揭示其本來面目。不過，為人處世應把握好「詐」的度，太過，則是小人之舉了。

清朝時，合肥縣縣民劉某之女小嬌先後許給三家：一個武官的兒子、一個商人、一個小財主。三家人為娶小嬌，互不相讓，告到了縣衙。

合肥縣知縣大人姓孫，受理「爭妻」案後，思索再三，方才理出一個頭緒，宣布開庭審案。

武官的兒子申訴說：「小嬌是自幼由父母作主許配給我的，理應我娶。」

商人說：「你一走十多年，沒有音訊，小嬌的父親死了，小嬌的母親才把小嬌許配給我，理應我娶。」

小財主說：「你去經商，一走兩年，連個話也沒捎回來，小嬌已一十八歲，不能在家久等，我已送了聘禮，理應我娶小嬌。」

孫知縣對小嬌說：「你一個女孩不能嫁給三個男人，本官又不能偏袒任何一方，你願意嫁給誰，可挑選一個？」

眾目睽睽之下，一個女孩子怎麼好張嘴「選」丈夫呢！小嬌含羞低頭，一言不發。

孫知縣連連催問，小嬌只是不說話。孫知縣問得火起，喝道：「此案本是荒唐，你又不肯開口，說！你到底想要如何？」

小嬌又羞又恨，被逼問得無話可答，一氣之下，喊道：「我想死！」

孫縣知道：「此話可是當真？」

小嬌羞憤已極，心想：「事已至此，不管嫁給誰，另外兩個人都不會罷休，如今在公堂之上，出了這麼大的醜，以後還如何做人？不如一死了之。」於是毅然喊道：「我只願馬上就死！」

孫知縣一拍驚堂木，道：「一女嫁三夫，古來未有，看來此案只有如此，方可了結！來人！拿毒酒來！」

一個差役應聲走到孫知縣面前，孫知縣寫下一張字據，命差役去倉庫中取毒酒。差役接過字據，轉身離去，不一會兒捧回來一瓶「毒酒」，放到小嬌面前。小嬌一狠心，含淚捧起毒酒，咕嚕嚕下肚去，痛苦地捧著肚子，在地上翻了幾個滾，直挺挺地躺倒在地。差役走上前，摸摸小嬌的鼻子，對知縣說：「死了！」

孫知縣對堂下的三個男人說：「你們誰要此女，就把她帶走！」三個男人你看我，我看你，都不開口。

孫知縣對小財主說：「你已送了聘禮，此女歸你，你可速速背走！」

小財主說：「我的轎子怎能坐一個死人！」

孫知縣又讓商人背走，商人也一口回絕。

武官的兒子見狀，走上前說：「我奉父親之命娶小嬌為妻，小嬌雖死，也是我的妻子，我要用夫妻之禮埋葬她！」說罷，背起地上的「死屍」，大步走出公堂。

武官的兒子背著小嬌回到客店，忽然發現小嬌還有一口氣，於是把小嬌放到床上，守候在床邊。當天晚上，小嬌醒來，恢復如初，兩人遂結為夫妻。

原來，孫知縣在字據上寫的幾個字是：取麻藥酒。孫知縣以此「迂迴」之計，使這一棘手的「爭妻」案得以完美解決。

對敵用兵應採取「避其銳氣，擊其惰歸」的策略，即迴避敵人士氣旺盛的勢態，等待敵人怠惰、疲憊、士氣沮喪時，猛力出擊，如此定勝無疑。

▌《軍爭篇》之三——避其銳氣，擊其惰歸

三軍可奪氣，

將軍可奪心。

避其銳氣，

擊其惰歸。

《孫子兵法》與軍事——韓世忠大敗金兵

「避其銳氣，擊其惰歸。」意思是說，避開敵人的銳氣，等待敵人怠惰、疲憊、士氣低落之時，猛力出擊，如此定勝無疑。宋代名將韓世忠大敗金兵用的就是這招。

宋朝，完顏宗弼攻取了臨安以後，士兵多水土不服，又追不上宋高宗趙構，只好帶兵北返。當金軍到達鎮江以後才發現，宋將韓世忠已經率領水師停泊在焦山、金山腳下，截住了金軍的歸路。

當時金兵有十萬人馬，而宋兵卻只有八千人馬，雖然金兵遠征作戰，士兵勞頓，然而雙方力量對比還是極為懸殊的。金兵遠處內地，大多不習水戰，並且乘坐的戰船都很小，而宋軍的士兵都是慣於江海作戰的水師。韓世忠與夫人梁紅玉商定，避免在陸上作戰，避開敵人人多勢眾這一優勢，而憑藉宋軍船大和士兵都諳熟水戰這一特點，打擊敵人不習水戰這一弱點。這時，金兵已征戰日久，十分疲憊。士兵因水土不服生病者很多，加之思家念子，很多士兵這時已急迫盼望北歸，軍心不穩，士氣不振。完顏宗弼率先向宋軍發動進攻。宋軍中軍樓船上端坐一名女將，正是韓夫人梁紅玉。梁紅玉舉槌擊鼓，宋軍士氣猛漲，如箭一般衝向敵軍。金軍不習水戰，在船上本來就搖搖晃晃站不穩，現在遭此猛擊，哪裡還站得住，紛紛從船上擠入江中。又是一陣鼓響，韓世忠率兵迅急衝向敵人指揮艦，攔擊完顏宗弼。完顏宗弼大驚，率金軍倉皇撤退，折兵損將，損失很大。

完顏宗弼沒有辦法，派使者去向韓世忠談和，表示願意將掠奪而來的人口及財寶全部獻給韓世忠，只要能讓自己回去。韓世忠嚴詞拒絕。金軍沿江北上，企圖伺機偷渡。韓世忠識破完顏宗弼的計謀，一直追隨著金軍，且戰且行，最後把金軍逼進了建康東北的死水港黃天蕩中。韓世忠命人將出口堵住，多次打敗企圖突圍的金軍。金軍被困二十多天，糧草斷絕，眼看就要全

軍覆沒，最後，金軍挖通了三十里老鸛河故道，才算勉強逃離了建康，完顏宗弼得以保全老命，但已是元氣大傷。

《孫子兵法》與商業——「精工」大戰「瑞士」

「避其銳氣，擊其惰歸」的關鍵是掌握「避」與「擊」的時機，在「避」的時間裡養精蓄銳，在山擊的時候，把握時機，一鼓作氣！正如《易經》所說，「潛龍勿用」為的就是他日「飛龍在天」。

瑞士錶馳名世界。

到了一九六七年，一位叫服部一郎的日本人突然站了出來，向世界鐘錶業的霸主——瑞士錶提出了挑戰。

服部一郎當時是日本第二精工舍的社長，他知道，瑞士鐘錶業的優勢是機械錶，要戰而勝之，就必須開拓不同於機械錶的「新錶」。服部一郎把希望寄託在「石英錶」上。

「石英錶」源自「石英鐘」。一九二七年，美國人 W・A・馬里遜試製成了真空電子管式石英鐘，但體積卻大如衣櫃。服部一郎率領精工舍的技術人員用了整整十年時間，終於把衣櫃般大的「石英鐘」，變成了石英水晶振盪子來「走動」和顯時的「石英錶」。

精工牌石英錶領先瑞士問世後，服部一郎客觀地分析了自己的技術、人才、資金狀況，覺得自己還不能與瑞士錶抗爭，於是有意地避開了瑞士這個手錶市場，而是先在瑞士以外的國家推銷，以免「打草驚蛇」。瑞士對於領先自己一步的日本精工牌石英錶果然沒有在意。

服部一郎和精工集團一面以迂迴戰術「包圍」瑞士錶，一面集中大量的人才、財力從事石英錶的新技術、新產品研究與開發。到了一九九〇年，「精工」的產量已躍居世界第一位，精工集團覺得向瑞士錶發起總動員的時候到了，於是以重金買下日內瓦的「珍妮・拉薩爾」手錶銷售公司，以實用的中、高檔手錶、以鑽石、寶石裝飾型超高檔手錶和以黃金裝飾的「珍妮・拉薩爾」、「精工・拉薩爾」等新型超級手錶同瑞士錶競爭。

瑞士人大為震驚。他們以牙還牙，在全世界範圍內展開轟轟烈烈的宣傳攻勢，極力開拓銷售領域，以期重振瑞士的聲威。但是，他們還是失敗了——老謀深算的「精工」以其得力的措施，終於贏得了世界鐘錶行業的第一把「交椅」。

《孫子兵法》與處世——觸龍說趙太后

　　在現實生活中，一些矛盾問題如果直接交鋒，往往難以解決。避開難以解決的主要矛盾，而施以較為委婉的方式，反而出人意料地把事情解決了。

　　趙太后新執政，秦國便加緊進攻趙。趙向齊求援。齊王說：「一定要以長安君作為人質，軍隊才能派出來。」太后不答應，大臣們極力勸諫。太后明確地對左右的人宣布：「有再說讓長安君作人質的，我這老婆子一定把唾沫吐在他臉上！」

　　左師公觸龍拜見太后。左師公說：「我那裡子舒祺，年紀最小，沒什麼出息。可我年紀老了，內心總疼愛他，希望您讓他充當一名衛士，來保衛王宮。我冒著死罪把這件事稟告您。」

　　太后說：「好，年紀多大啦？」

　　左師公回答說：「十五歲啦。雖說還小，我希望趁自己還沒有死，便把他託付給您。」

　　太后說：「男人也疼愛他的小兒子嗎？」

　　觸龍回答說：「比女子還厲害。」

　　太后說：「女人愛得特別厲害啊。」

　　觸龍回答說：「我私下認為您愛燕后，超過了愛長安君。」

　　太后說：「你錯了！我愛燕后遠遠比不上愛長安君。」

　　左師公說：「父母愛子女，就要為他們作長遠打算。您送燕后出嫁的時候，緊跟在她身後哭泣，想起她遠嫁異國就傷心，也確實夠悲哀的了。她走了以

後，您不是還經常想念她嗎？祭祀時一定要為她祈禱。說：『一定不要她回來。』這難道不是為她考慮，希望她的子孫相繼當國王嗎？」

太后說：「是啊！」

左師公問：「從現在算起，三世以前一直上推以趙氏建成趙國的時候，趙王子孫後代，還有繼續存在的嗎？」

太后說：「沒有。」

觸龍說：「不單是趙國，各諸侯國內還有繼續存在的嗎？」

太后說：「我沒有聽說過。」

觸龍說：「這就是說他們之中近則自身便遭了禍，遠則禍患便落到他們子孫身上了。難道說君主的子孫就一定不好嗎？不是，只不過由於他們地位很高卻沒有什麼功勳，俸祿很豐厚卻沒有什麼功績，卻擁有很多貴重的東西罷了。如今您尊顯長安君的地位，封給他富庶的土地，賜給他很多貴重的東西，卻不趁著現在讓他為國立功，一旦太后您百年之後，長安君憑什麼在趙國安身呢？老臣認為您替長安君打算得太短淺了。所以說您對他的愛不如對燕后的愛。」太后說：「好吧，任憑你怎麼調派他吧！」

於是觸龍為長安君準備好車子，送他到齊國作人質去了。而齊王也信守諾言，立即派出了援兵。

第八篇 九變篇

戰場上的態勢是千變萬化的，勝敗除了要看雙方兵力的強弱，還要看指揮員應變的能力。孫子用「九變」來形容這種變化，可見變化之多。毫無變化一味地墨守成規，只會被靈活多變的對手打敗。從古至今，許多著名的將領，都是靠多變來取勝的。

戰場上的態勢是千變萬化的，勝敗除了要看雙方兵力的強弱，還要看指揮員應變的能力。所以孫子說：「將通於九變之利者，知用兵矣。」

原文

孫子曰：凡用兵之法，將受命於君，合軍聚眾，圮地無舍，衢地合交，絕地無留，圍地則謀，死地則戰。途有所不由，軍有所不擊，城有所不攻，地有所不爭，君命有所不受。

故將通於九變之利者，知用兵矣。將不通於九變之利者，雖知地形，不能得地之利矣。治兵不知九變之術，雖知五利，不能得人之用矣。

是故，智者之慮，必雜於利害。雜於利，而務可信也；雜於害，而患可解也。是故，屈諸侯者以害，役諸侯者以業，趨諸侯者以利。

故用兵之法，無恃其不來，恃吾有以待也；無恃其不攻，恃吾有所不可攻也。

故將有五危：必死，可殺也；必生，可虜也；忿速，可侮也；廉潔，可辱也；愛民，可煩也。凡此五者，將之過也，用兵之災也。覆軍殺將，必以五危，不可不察也。

譯文

孫子說：大凡用兵的法則，主將領受國君的命令，徵集人馬組建軍隊，在難於通行之地不要駐紮，在四通八達的交通要道要與四鄰結交，在難以生存的地區不要停留，要趕快透過，在四周有險阻容易被包圍的地區要精於謀

劃，誤入死地則須堅決作戰。有的道路不要走，有些敵軍不要攻，有些城池不要占，有些地域不要爭，君主的某些不適合當時情況的命令也可以不接受。

所以，將帥能夠精通以上各種機變的運用，就是真懂得用兵了。將帥不能通曉以上各種機變的運用，雖然了解地形，也不能得到地利。指揮軍隊不知道各種機變的方法，雖然知道「五利」，也不能充分發揮軍隊的戰鬥力。

聰明的將帥考慮問題時，必定兼顧到利、害兩個方面。在不利的情況下充分考慮有利的因素，戰事就可以順利進行；在有利的情況下充分考慮不利的因素，各種可能發生的禍患便可以預先排除。所以，要使各國諸侯屈服，就用諸侯最害怕的事情去威脅他；要使各國諸侯忙於應付，就用他不得不做的事去驅使他；要使各國諸侯歸附，就用小利去引誘他。

所以，用兵的原則是：不抱敵人不會來的僥倖心理，而要依靠我方已做好的充分準備，嚴陣以待；不抱敵人不會攻擊的僥倖心理，而要依靠我方堅不可摧的防禦，不會被戰勝。

所以說，將帥有五種致命的弱點：堅持死拼硬打，可能招致殺身之禍；臨陣畏縮，貪生怕死，則可能被俘；性情暴躁易怒，可能受敵輕侮而失去理智；過分潔身自好，珍惜聲名，可能會被羞辱引發衝動；由於愛護民眾，受不了敵方的擾民行動而不能採取相應的對敵行動。所有這五種情況，都是將帥最容易犯的過失，是用兵的災難。軍隊覆沒，將帥犧牲，必定是因為這五種危害。對此，不能不予以充分的重視。

闡釋

戰場上的態勢是千變萬化的，勝敗除了要看雙方兵力的強弱，還要看指揮員應變的能力。孫子用「九變」來形容這種變化，可見變化之多。毫無變化一味地墨守成規，只會被靈活多變的對手打敗。從古至今，許多著名的將領，都是靠多變來取勝的。

在本篇中，孫子提出了「智者之慮，必雜於利害」的用兵之法，是認為有智慧的人，一定會將利與害一併考慮，如此，禍害才不會出現，事情才能得以順利進行。

接著，孫子又一次提出了「勝兵先勝而後求戰」，即「有備無患」的策略思想。在戰爭中，將帥不能將希望寄託在敵人不來、不攻之上，不能存有僥倖心理，而應該把勝利奠定在充分準備的基礎之上。

最後，孫子提出了「將有五危」的著名言論。在戰場上將帥有五個致命的弱點：死拼硬打，貪生怕死，暴躁易怒，廉潔好名，一味「愛民」。這五種情況，都是將帥最容易犯的錯誤，是用兵的災難。真正的將才應該有大將之風，沉著冷靜，善於應變，如《九地篇》中所說：「將軍之事，靜以幽，正以治。」

聰明的將帥，總是兼顧到利和害兩個方面。在有利的情況下考慮到不利的方面，事情就可以順利進行；在不利的情況下考慮到有利的方面，禍患就可以消除。

活學活用

▌《九變篇》之一——智者之慮，必雜於利害

智者之慮，

必雜於利害。

雜於利而務可信也，

雜於害而患可解也。

《孫子兵法》與軍事——官渡之戰

在戰爭中，利與害相互依存，又相互轉化。孫子認為，將帥用兵，必須兼顧利與害兩個方面。西元二○○年官渡之戰時，曹操以十分弱小的兵力與袁紹大軍相峙於官渡。曹操十分清晰地分析了當時的利與害，做出了最準確的判斷，一舉擊敗袁軍，贏得了官渡之戰的勝利。西元二○○年，袁紹命沮授帶領十萬人馬進攻曹操的都城許昌。而袁紹自己則帶領大隊人馬進軍黎陽，派大將郭圖、顏良進攻白馬，在白馬大敗曹軍。

白馬告急，荀攸對曹操說：「袁軍人馬充足，我們兵力與之相差甚遠，不可硬拚，我們聲東擊西，派一部分人馬偽裝渡河，好像要攻擊袁紹後方，袁紹必然會向西進軍，渡過大河，到時候我們再突襲白馬。」

　　曹操依計而行，袁紹果然中計。袁軍渡過大河，曹操則帶領眾多驍將，攻打白馬。關羽連斬顏良、文醜兩員大將，袁軍大敗，解了白馬之圍。

　　袁紹雖然大敗，但兵力仍占優勢。他再次集中兵力，行進到官渡。兩軍在官渡安營紮寨，準備一場大戰。

　　面對袁軍的進攻，曹操手下謀士意見不一。有的謀士對曹操說：「丞相，袁紹擁有百萬大軍，雖然白馬之戰有所損傷，但主力軍仍在，而且手下有大將一、兩千人，我們與之相差懸殊，如果和他們硬拚，只能大敗！不如我們求和，還可以保住一塊地盤，到時候再積蓄力量，東山再起。」

　　曹操沒有說話，謀士郭嘉提出反對意見，說道：「丞相，兵不在多，而在於精。袁紹軍隊雖多，但他們軍紀不嚴，賞罰不明，軍心渙散。我們兵力雖少，但軍紀嚴明，作戰勇猛，在軍力上不會輸給他。而且袁紹老賊不得民心、貪圖小利、妄自尊大、妒賢嫉能、優柔寡斷、剛愎自用，他手下雖有大將一、二千，但卻是英雄無用武之地啊！丞相，您廣納賢士，愛惜人才，智勇雙全，很得人心，雖戰將幾百，但卻眾志成城，我們憑藉著這些優勢一定能夠大敗袁軍。」

　　曹操很滿意地點了點頭，立即下令，進軍官渡。

　　兩軍相峙了一段時間，袁軍主動出擊，結果曹軍不是對手，退回營中，只守不攻。

　　袁紹一見曹軍不出戰，便命士兵爬上土山，向曹營射箭，箭似雨點，射死射傷曹兵無數。曹操和一大將劉曄連夜製造了千輛石車，石車上裝滿石頭，一端固定住彈性的皮條，另一端放上石頭，能彈得很遠。劉曄帶領著幾千人，埋伏在小山周圍。袁紹的射手剛想射箭，劉曄一聲令下，頓時石塊亂飛，袁兵死傷無數，大敗而歸。

　　時間一長，曹操有些堅持不住，因為糧草線已被袁紹切斷。為了能夠長期作戰，曹操派大將徐晃消滅了袁紹斷糧道的隊伍，從此糧道順暢。徐晃還活捉了幾名袁軍將領，審訊中得知韓猛正押運糧草，遠道而來。

　　荀攸對曹操說：「丞相，韓猛有勇無謀，我們應出兵去截下糧草，將其燒毀，這樣袁紹大軍就會出現糧草危機。」

　　曹操立即派徐晃去截糧草。韓猛正押運著糧草趕路，徐晃大喝一聲，立即殺入袁軍中，而張遼也在後邊呼應，前後夾擊。韓猛乃一酒囊飯袋，沒有一會兒，便逃跑了。士兵一看主帥都跑了，也四散逃竄，曹軍放火燒了袁紹的糧草及車輛。

　　但袁紹倚仗自己兵多糧足，仍不把曹操放在眼裡。他再派淳于瓊帶領一萬精兵押運糧草，囤放在大北營的烏巢，並駐紮在那裡負責守糧。

　　謀士許攸對袁紹說：「主公，軍隊若無糧草，會自敗，那淳于瓊生性好酒，而且一喝必醉，派他守糧，有些不妥啊！」

　　袁紹剛愎自用，根本不把許攸的話放在心上。許攸知道袁紹難成大事，一氣之下投奔了曹操。曹操知道許攸是位才子，很有智謀，一聽說許攸來降，高興得連鞋都沒穿，跑出營房去迎接，嘴裡說道：「賢弟遠來，愚兄迎接來遲，請多多原諒！」

　　許攸非常感動，便對曹操說：「我們派去幾千人裝扮成袁兵，那淳于瓊只知喝酒，趁他酒醉之時，燒毀他的糧草，之後趁機大敗袁紹人馬。」

　　曹操非常信任許攸，立即點了五千人馬，打著袁軍的旗號，直奔烏巢而去。淳于瓊早已喝醉了，在營中大睡，手下士兵一看是自己人馬，便讓曹軍進了大營。曹軍大開殺戒，袁軍大敗。淳于瓊從夢中驚醒，慌忙迎戰，而曹軍這時早已將糧草點燃。

　　袁紹在半夜時分睡得正香，忽聽得有人報：「主公，大……大事不好，我軍……糧草被燒！」

袁紹一下從床上坐起，大吃一驚，心想：完了，這次算全完了，淳于瓊，我非殺了你不可。袁紹又一想：你曹操去燒我的糧草，我趁機去攻打你的大營，你那裡一定會空虛，我斷了你的後路，讓你不戰而敗。想到此，他立即傳令：進軍曹營。

張郃道：「主公，此計不可，曹操雖帶領人馬去燒糧草，但只是一小部分，大隊人馬仍在城中啊！」

袁紹向來都不尊重別人的意見，把張郃的話當作了耳邊風，堅持派張郃、高覽前去偷襲曹營。張郃、高覽率軍剛到官渡，曹軍早有防備，同袁軍展開了激戰。曹軍作戰勇猛，袁軍根本無法取勝。正在這時，曹操率領的五千精兵燒糧草趕回，從後邊直衝入袁軍。袁軍腹背受敵，頓時大亂，張郃、高覽不想給袁紹賣命，便率大軍投降。

袁紹得知張郃、高覽投降，知道自己大勢已去，便帶著幾百名袁軍逃跑了，後來在途中病死。

《孫子兵法》與商業——韓國「出口大王」金宇中

在商業活動中，利害並存與轉化也是如此。利與害同存於一事物中，而且有時利與害的關係非常難以分辨。只有明白機遇與挑戰同在、風險與利潤並存且善於分析利害得失的人，才能把握機遇，不讓機遇與自己擦肩而過。

韓國著名的企業家金宇中被公認為韓國企業界的「出口大王」。他所領導的大宇集團是享譽世界的知名企業，大宇生產的各種產品也隨著大宇集團的聲名遠播而遍布世界各地。

一九七〇年代以來，美國與亞洲新興的工業化國家之間的貿易摩擦越來越劇烈，美國從維護本國的利益出發，逐漸傾向於採取貿易保護主義政策。

當時金宇中開拓美國紡織品市場的努力剛剛有了起色。他先與生產繀絲的日本三菱會社簽訂了獨家銷售合約，把三菱會社生產的絲料運回韓國加工成布料，並委託釜山製衣廠把布料做成襯衫，然後全部運往美國銷售，由於這種極細的繀絲製成的襯衫質地柔和，觸感很好，

　　因此這種襯衫在美國一上市便大受歡迎，很快風行全美。三年之內，大宇集團僅此一項業務就獲利潤一千八百萬美元。

　　一九七四年，韓國企業界盛傳美國即將對紡織品的進口實行配額限制。在此種形勢下，絕大多數紡織品出口商都開始壓縮紡織品輸美規模，轉而將焦點放在開拓新的國際市場上。然而，金宇中並沒有像其他紡織品出口商那樣亦步亦趨地壓縮輸美規模，相反，他採取了一個果敢的行動，實行公司總動員，充分利用年底餘下不多的時間，全力擴大公司紡織品的輸出數量。此舉獲得成功。一九七四年大宇集團紡織品輸美的規模一躍而居於韓國、日本、臺灣、香港等東亞地區的企業榜首。金宇中也因此被譽為美國配額制度造就的唯一勝利者。

　　金宇中的超人膽識，來自於他敏銳的目光，他很清楚地知道，美國對外國公司進出口配額制度的制定，必須參考前一年的輸美業績，如果前一年的進口數量大，那麼後一年給的配額數量就多，所以在其他出口商紛紛壓縮出口規模的情況下，大宇集團生產的紡織品仍能在美國市場上獨領風騷。

　　「好風憑藉力」，金宇中趁著大宇集團生產的襯衫風行美國的有利時機，說服了在美國擁有九百家連鎖店的施伯公司接受大宇集團的試賣計畫，把公司生產的全部產品納入了施伯公司的銷售網，從而成功開創了韓國出口公司直接與美國大公司開展業務的先例，打破了長期以來韓國出口商必須透過日本大商社的仲介並由美國 B 級以下進口商銷售的慣例。

　　從此以後，大宇集團的事業蓬勃發展，到一九八一年為止，大宇集團的外匯貿易額超過十五億美元。這在韓國企業界中是獨一無二的。

《孫子兵法》與處世——郭子儀居安思危

　　老子說：「福兮，禍之所倚；禍兮，福之所伏。」福禍是事物存在的兩個方面，相互依賴也相互轉化，這也正是「利害」的道理。

　　郭子儀爵封汾陽王，王府建在都城長安。汾陽王府自落成後，每天都是府門大開，任憑人們自由進出，郭子儀不準府中人干涉。

有一天，郭子儀帳下的一名將官要調到外地任職，特來王府辭行。他知道郭子儀府中百無禁忌，就一直走進了內宅。恰巧，他看見郭子儀的夫人和他的愛女兩人正在梳洗打扮，而王爺郭子儀正在一旁侍奉她們，她們一會兒要王爺遞手巾，一會要他去端水，使喚王爺就好像使喚奴僕一樣。這位將官當時不敢譏笑，回去後，不免要把這情景講給他的家人聽。於是一傳十，十傳百，沒幾天，整個京城的人們都把這件事當作笑話在談論著。

郭子儀聽了倒沒有什麼，他的幾個兒子聽了都覺得丟了王爺的面子。

他們相約，一齊來找父親，要他下令，像別的王府一樣，關起大門，不讓閒雜人等出入。

郭子儀聽了哈哈一笑，幾個兒子哭著跪下來求他。一個兒子說：「父王您功業顯赫，普天下的人都尊敬您，可是您自己卻不尊敬自己，不管什麼人，您都讓他們隨意進入內宅。孩兒們認為，即使商朝的賢相伊尹、漢朝的大將霍光也無法做到您這樣。」

郭子儀收斂了笑容，叫兒子們起來，語重心長地說：「我敞開府門，任人進出不是為了追求浮名虛譽，而是為了自保，為了保全我們的身家性命。」

兒子們一個個都十分驚訝，忙問其中的道理。

郭子儀嘆了口氣，說：「你們只是看到郭家顯赫的聲勢，沒有看到這聲勢喪失的危險。我爵封汾陽王，往前走，再沒有更大的富貴可求了。月盈而蝕，盛極而衰，這是必然的道理，所以，人們常說要急流勇退。可是眼下朝廷尚要用我，怎麼肯讓我歸隱？再說，即使歸隱，也實在找不到一塊能容納我郭府一千餘口人的隱居地呀。可以說，我現在是進不得也退不得。在這種情況下，如果我們緊閉大門，不與外面來往，只要有一個人與我郭家結下仇恨，誣陷我們對朝廷懷有二心，就必然會有專門落井下石、妒害賢能的小人從中加油添醋，製造冤案，那時，我們郭家的九族老小都要死無葬身之地了。」

這是明白禍是如何產生，應該如何去消除禍害的道理。郭子儀具有很高明的政治眼光，他善於忍受災禍，更善於忍受幸運和榮寵，所以才能四朝為臣。

《九變篇》之二——無恃其不來，恃吾有以待也

故用兵之法：

無恃其不來，恃吾有以待也；

無恃其不攻，恃吾有所不可攻也。

《孫子兵法》與軍事——林則除積極備戰勝英軍

戰爭是智與勇的搏擊，一次小的疏忽就有可能導致兵敗身亡，甚全國破家亡的惡果，因此，軍隊的統帥千萬不能把希望寄託在敵人的「不來」、「不攻」上，而要把勝利奠定在己方的充分準備之上。

清朝道光十九年（西元一八三九年）九月三日，林則徐在虎門銷毀鴉片一百一十多萬公斤，這個壯舉震驚了全世界。林則徐深知英國人絕不會就此善罷甘休，一定會借助軍事上的優勢威逼清朝政府，於是加緊進行抵禦英軍的準備工作。

林則徐派人去葡萄牙人盤踞的澳門購買報紙，了解國外最新情況：招募在外國教會讀書的學生，翻譯有關世界政治、歷史、地理方面的資料；購進一批西洋大船，改裝一些漁船，充實水軍；新建炮台，祕密購買大炮，增強虎門的防禦力量；在虎門外海中下鐵鏈和木排，阻止英船進入內海；招募五千壯丁、漁民，加緊進行水戰訓練……

西元一八四○年四月，英軍以女王外戚麥伯為統帥，率領三十艘戰船侵入廣東沿海，肆意開槍開炮，轟擊魚船，屠殺居民。林則徐指揮清軍水師，夜襲英船，將十一艘英船焚毀，英軍官兵倉皇逃竄，多被大火燒死和落水溺死。此後，林則徐又以「火船」，乘風而進，向停泊在金門星、老萬山的十餘艘英船發起攻擊，「燒」得英軍狼狽而逃。

由於林則徐率廣東軍民積極防禦、勇猛作戰，在他離開廣州前，英軍始終未能侵入廣東沿海。

《孫子兵法》與商業——本田宗一郎未雨綢繆

隱患於未然，未雨綢繆，在商戰中也有廣泛的運用。商家想要在某一行業中獲得絕對優勢，就必須面對瞬息萬變的商情與眾多的對手，掌握行業的發展態勢，占得先機，從而立於不敗之地。

在世界汽車行業中，每八十輛轎車中就有一輛是「本田」牌。然而使本田公司首先取得引人矚目的成功從而揚名天下的，還是本田摩托車。在汽車工業界，本田技術研究工業公司在日本國內排名老三，但在摩托車工業界，本田技術研究工業公司不僅在國內是龍頭老大，在世界上也是首屈一指。一九九一年，本田技術研究工業公司的摩托車產量為一百三十萬輛之多，印有「HONDA」標誌的摩托車飛馳在世界各地。

一九七〇年代初，正當本田牌摩托車在美國市場上暢銷走紅時，總經理本田宗一郎卻突然提出了「東南亞經營策略」，倡議開發東南亞市場。

此時摩托車激烈角逐的戰場是歐美市場，東南亞則因經濟剛剛起步，摩托車還是人們敬而遠之的高檔消費品。公司總部的大部分人對本田宗一郎的倡議迷惑不解。

本田是經過了深思熟慮的。他拿出一份詳盡的調查報告向人們解釋：「美國經濟即將進入新一輪衰退，只盯住美國市場，一有風吹草動我們便會損失慘重。而東南亞經濟已經開始起飛，按一般計畫，人均年產值兩千美元，摩托車市場就能形成。只有未雨綢繆，才能處亂不驚。」一年半以後，美國經濟果然急轉直下，許多企業的大量產品滯銷，幾十萬輛本田摩托車也壓在庫裡。然而天賜良機，與此同時，東南亞市場上摩托車卻開始走俏。本田立即根據當地的條件對庫存產品進行改裝後銷往東南亞。

由於已提前一年實行旨在創品牌、提高知名度的經營策略，所以產品投入市場後如魚得水，這一年，和許多虧損企業相比，本田公司非但未損失分毫，而且創出了銷售量的最高記錄。總結這個經驗，本田公司從此形成了居

安思危、有備無患的經營策略。每當一種產品或一個市場達到高潮，他們就開始著手研究開發新一代產品和開拓新市場，從而使本田公司在危機來臨時總有新的出路。

《孫子兵法》與處世──韋應物後起讀書

古人云：「無事如有事，時提防，可以彌意外之變；有事如無事，時鎮定，可以消局中之危。」可見，為人處世應未雨綢繆，切忌臨渴掘井。

唐代著名詩人韋應物十五歲就入宮為三衛郎，在十五歲到二十歲的五年間，韋應物是個神氣十足的皇帝侍衛官。當每年十月玄宗貴妃照例從長安城來到華清宮避寒的時候，他跨著駿馬奔馳在浩浩蕩蕩的皇帝儀衛隊伍的最前面；皇帝住下來，要朝會萬國的時候，他又是羽林郎；皇帝各處打獵，祭祀，他也要跟隨；皇帝賜三公九卿、內親外姪在溫泉沐浴，少不了他也要跟隨；擺盛筵，吃素齋，他也同受頒賜；梨園弟子藝人們演唱歌舞雜技，他也一同觀賞。總而言之，當皇帝、貴妃外戚、重臣們在狂歡縱慾的時候，這個十幾歲的少年侍衛也在分享著他們的奢侈和腐化。

唐朝皇帝對這些年少入宮宿衛的親貴子弟的教育和出路還是相當關心的，唐中宗就下過詔書：「三衛番下日，願入學者，聽附國子學、太學及律館習業。」但是這些花花公子們雖然一個個在太學裡掛了名，實際上卻是整天忙著狎妓、飲酒、賭博、犯法，只嫌時間不夠，他們哪還有什麼時間來讀書呢？韋應物在入宮宿衛，跟著皇帝和親貴官僚們狂歡享樂之外，也同樣是這樣一個荒唐放縱的太學生。

但是，韋應物嬌寵荒唐的歲月，只有五年，一轉眼就過去了。「安史之亂」的爆發，韋應物也失職流落了。他在乾元年間又重返太學，恢復了學籍。由於朝廷換上了一班攀龍附鳳的新貴，連身為太上皇的玄宗也受制於肅宗的親信宦官李輔國，因而像韋應物這樣的「舊臣」，在太學裡自然落到「憔悴被人欺」的地步，此時他深悔「讀書事已晚」，但也不能不在悔恨之中，亡羊補牢，奮發讀書了。

由於自己本身具有的才氣，加上家庭環境的薰陶，韋應物終於成了著名的詩人，但可以想見，韋應物在年輕時若不是沉迷於聲色犬馬之中，也不會年紀大了卻「憔悴被人欺」，也許會有更大的成就。

在戰場上將帥有五個致命的弱點：死拼硬打，貪生怕死，暴躁易怒，廉潔好名，一味「愛民」。真正的將才應該有大將之風，沉著冷靜，善於應變。

《九變篇》之三——將有五危

將有五危：

必死，可殺也；

必生，可虜也；

忿速，可侮也；

廉潔，可辱也；

愛民，可煩也。

《孫子兵法》與軍事——陸遜從容退江東

在戰爭中，將帥的一個命令、一個行動，不僅關係到全軍將士的生死，還關係到國家的安危、百姓的存亡，因此，統帥三軍的將帥要有良好的個人修養，要有大將風度，要沉著冷靜、不急不躁、處變不驚、從容對敵……

三國時期，諸葛亮在五出祁山前聯合東吳同時攻魏。孫權派荊州牧陸遜和大將軍諸葛瑾速率水軍向襄陽進發，自己親率十萬大軍進至合肥南邊的巢湖口。魏明帝曹叡一面派兵迎擊西蜀的軍隊，一面率大軍突襲巢湖口，射殺吳軍大將孫泰，擊潰吳軍。

諸葛瑾在途中聽說孫權已經退兵，急忙派使者給陸遜送去信件，建議陸遜退兵。使者很快返回，告訴諸葛瑾：陸遜正在與部將下圍棋，讀罷信後，只把信件放在一邊，又繼續下棋去了。諸葛瑾又問陸遜部隊的情況，使者回答說，陸遜的士兵們都在兩岸忙著種豆種菜，對魏軍的逼近並不在意。

諸葛瑾不放心，親自坐船去見陸遜，對陸遜說：「如今主公已經撤軍，魏軍必然全力以赴地來進攻我們，將軍不知有何妙計？」

陸遜道：「如今魏軍占有絕對優勢，又有大勝之威，我軍出戰，絕難取勝，自然只有撤退一條路可走了。」

諸葛瑾道：「既然要撤，為何還按兵不動？」

陸遜回答：「敵強我弱，我軍一退，敵人勢必掩殺過來，那種混亂局面，不是我、你能控制了的。我的想法是這樣……」陸遜屏退左右，悄聲說出了一條計策，諸葛瑾聽後，讚歎不已。

諸葛瑾辭別後，陸遜從容地命令軍隊離船上岸，向襄陽進發，並大肆宣揚：不攻下襄陽，誓不回兵。

魏軍聽說陸遜已棄船上岸，向襄陽開來，立刻調集人馬，準備在襄陽城外迎戰吳軍。一些將領對陸遜是否真的進攻提出質疑，但魏軍統帥早已接到密探的報告，說陸遜的部隊在兩岸種豆種菜，毫無撤退之意，魏軍因而統一了認識，全力備戰，以給陸遜毀滅性的打擊。

陸遜率大隊人馬向襄陽挺進，行至中途，突然下令停止前進，並改後隊為前隊，疾速向諸葛瑾的水軍駐地撤退。諸葛瑾離開陸遜回到水軍大營後，早已把撤退的船隻準備妥當，陸遜的將士一登上船，一艘艘戰船就滿載將士們揚帆駛返江東。

魏軍久等陸遜，不見陸遜的影子，待發覺上當，揮師急追時，陸遜全部人馬已平安撤走，魏軍追至江邊，只好望「江」興嘆。

《孫子兵法》與商業──波音公司因「禍」得「福」

在企業經營中，難免會遇到一些對自己不利的突發事件。變亂臨頭，驚慌失措，絕不是改變亂局應有的態度。面對變亂，首先要鎮定下來，接受這種局面，然後再想辦法扭轉它，或許還能因「禍」得「福」呢！

一九八八年四月二十七日，美國阿哈囉航空公司的一架波音 737 客機自檀香山機場起飛後不久，突然，「轟隆」一聲巨響，飛機前艙頂蓋被掀開一

個直徑達六米的大洞，一名空姐立即被掀出機外，駕駛員採取緊急措施，把飛機降落在鄰近的機場上。令人驚異的是：「除了那名不幸的空中小姐外，全機八十九名乘客和其他機組人員無一傷亡，有關人員立即趕赴現場，對飛機發生事故的原因進行調查。

波音公司面對嚴峻的考驗，毫不驚慌，他們派出高級技術人員參與調查，並且，隨著調查的深入，波音公司還借助電台、電視台、報紙、雜誌等新聞媒體大造輿論，對空難事件大加宣揚，波音公司的解釋是：這是一架已飛行了二十年、起落九萬多次的客機，按照技術規定，它本已早該退休了。飛機過於陳舊、金屬疲勞是造成事故的最主要原因，但即使是一架如此陳舊的波音737，它還能保證乘客無一傷亡，這證明了什麼呢？只能證明波音公司的飛機的質量的確確是上乘可靠的。

波音公司處變不驚，從容查清了造成空難的原因，並大加宣傳，不但沒有損傷波音公司的形象，反而使公司因「險」得「福」。事故之後，波音公司的訂貨量成倍增加，僅國際金融集團和美國航空公司兩家就訂購了一百三十架波音737，公司在五月分的訂貨額更是高達七十億美元。

《孫子兵法》與處世——張學良處變不驚

臨變有制，通達權變，這是大智之人才能為之的事情。很多人不知隨機應變，不知如何面對眼前的變故，所以會受到變故的打擊。臨變不慌，機智應變，才是應對變故的良策。一九二八年，張作霖在直奉戰爭中作戰失敗，由北京乘火車退往東北瀋陽。由於張作霖未能滿足日本侵占滿蒙的全部要求，日本帝國主義對張作霖極為不滿，決心除掉他。六月四日清晨，張作霖乘專列經過京奉路和南滿路交叉處的皇姑屯車站時，被日本關東軍預埋的炸彈炸死。

六月四日，恰巧是張學良的生日。這天，他正和楊宇霆、孫傳芳及軍團部高級幕僚們在北京的寓所萬宇廊聚會，接到奉天密電，得知父親被炸的消息後，張學良悲痛欲絕。他知道事關重大，絕對不能慌亂，故表現得十分鎮

定。此後十幾天,他所採取的一系列措施,充分表現了張學良處變不驚的個性。

首先,張學良同楊宇霆等人進行商議,將所轄部隊的撤退細節一一作了妥善安排,並把自己的軍團部安全撤退到灤縣。然後,他把軍團的指揮權交給楊宇霆,自己則祕密地從灤縣乘車,啟程返回奉天。為了掩人耳目,防止日本人再搞陰謀加害自己,他特地剃了髮,換上灰色的士兵服裝,化裝成夥夫模樣,乘坐普通的悶罐軍車,安全回到奉天帥府。

張學良回奉天後,見到父親被炸的慘狀,傷心至極,號啕大哭。但由於他剛到東北,一切事情均未安排妥當,如果消息外露,可能會引起動盪和混亂,日本人則會乘機混水摸魚,張學良忍住悲痛,決定密不發喪,對外只是謊稱張作霖雖然被炸受傷,但並無生命危險。他嚴禁閒雜人員進入張作霖臥室,每天仍令廚房給張作霖「開飯」,令醫生給張作霖「換藥」,不露一點破綻。日本人雖然多次派人設法打聽,但都被巧妙應付過去。張學良將各方面的事情都作了精密安排之後,才於六月二十一日正式給父親發喪。七月四日張學良子繼父業,任東北保安司令。

日本人本想透過製造皇姑屯事件,除掉對其已無大用處的張作霖,乘張作霖死後引起的混亂,攫取更大更多的利益。他們估計年輕氣盛的張學良可能會急於為父報仇,而使東北陷入混亂,日本就可趁火打劫,出兵東北,用武力徹底解決問題,哪知張學良竟能如此處變不驚,冷靜地處理了這一突發事變,穩定了東北局勢。張學良以自己的智慧挫敗了日軍的陰謀,擺脫了危機。

第九篇 行軍篇

本篇以「行軍」為名，論述了在不同地理條件下行軍、駐紮及觀察、判斷敵情的問題。行軍講究的是進退自如，無論何時都要注意戰場上的一切因素。

地理條件與戰爭關係十分密切，而研究地理環境的目的就在於趨吉避凶，從而取得戰爭的勝利。

原文

孫子曰：凡處軍相敵，絕山依谷，視生處高，戰隆無登，此處山之軍也。絕水必遠水；客絕水而來，勿迎之於水內，令半濟而擊之，利；欲戰者，無附於水而迎客；視生處高，無迎水流，此處水上之軍也。絕斥澤，唯亟去無留。若交軍於斥澤之中，必依水草而背眾樹，此處斥澤之軍也。平陸處易，而右背高，前死後生，此處平陸之軍也。凡此四軍之利，黃帝之所以勝四帝也。

凡軍好高而惡下，貴陽而賤陰，養生而處實，軍無百疾，是謂必勝。丘陵堤防，必處其陽而右背之。此兵之利，地之助也。上雨，水沫至，欲涉者，待其定也。

凡地有絕澗、天井、天牢、天羅、天陷、天隙，必亟去之，勿近也。吾遠之，敵近之；吾迎之，敵背之。軍旁有險阻、潢井、葭葦、山林、蘙薈者，必謹覆索之，此伏奸之所處也。

敵近而靜者，恃其險也；遠而挑戰者，欲人之進也。其所居易者，利也。眾樹動者，來也；眾草多障者，疑也；鳥起者，伏也；獸駭者，覆也；塵高而銳者，車來也；卑而廣者，徒來也；散而條達者，薪來也；少而往來者，營軍也。

辭卑而益備者，進也；辭強而進驅者，退也；輕車先出居其側者，陳也；無約而請和者，謀也；奔走而陳兵者，期也；半進半退者，誘也。

杖而立者，饑也；汲役先飲者，渴也；見利而不進者，勞也。鳥集者，虛也；夜呼者，恐也；軍擾者，將不重也；旌旗動者，亂也；吏怒者，倦也；粟馬食肉，軍無懸，不返其舍者，窮寇也。諄諄翕翕，徐與人言者，失眾也；數賞者，窘也；數罰者，困也；先暴而後畏其眾者，不精之至也。來委謝者，欲休息也。兵怒而相迎，久而不合，又不相去，必謹察之。

兵非益多也，唯無武進，足以併力、料敵，取人而已。夫唯無慮而易敵者，必擒於人。

卒未親附而罰之，則不服，不服則難用也。卒已親附而罰不行，則不可用也。故令之以文，齊之以武，是謂必取。令素行以教其民，則民服；令素不行以教其民，則民不服。令素行者，與眾相得也。

譯文

孫子說：軍隊在行軍、紮營、作戰和觀察、判斷敵情時，應該注意：透過山地，必須沿著有水草的山谷行進；駐紮在居高向陽的地方；敵人占領高地，不要仰攻。這是在山地上對軍隊的處置原則。橫渡江河後，應在遠離水流的地方駐紮，敵人渡水來戰，不要在敵人剛入水時迎擊，而要等他渡過一半時再攻擊，這樣較為有利。如果要同敵人決戰，不要緊靠水邊列陣；在江河地帶紮營，也要居高向陽，不要處於敵人下游，這是在江河地帶布置軍隊的原則。透過鹽鹼沼澤地帶，要迅速離開，不要停留；如果同敵軍相遇於鹽鹼沼澤地帶，那就必須靠近水草而背靠樹林，這是在鹽鹼沼澤地帶布置軍隊的原則。在平原上應占領開闊地域，而側翼要依託高地，做到面向平易、背靠山險，前低後高。這是在平原地帶布置軍隊的原則。以上四種「部署部隊的」原則的成功運用，就是黃帝之所以能戰勝其他「四帝」的原因。

一般情況下，駐軍總是喜歡乾燥的高地，避開潮濕的窪地；重視向陽之處，避開陰暗之地；靠近水草地區，軍需供應充足，將士百病不生，這樣就有了勝利的保證。在丘陵堤防地帶，必須占領它向陽的一面，並把主要側翼背靠著它。這些對用兵有利的措施，是利用地形作為輔助條件的。上游降雨，洪水突至，若要涉水過河，應等水流平緩之後再過。

　　凡遇到或透過絕澗、天井、天牢、天羅、天陷、天隙這幾種地形，必須迅速離開，切勿靠近；在自己遠離這些地方時，讓敵人靠近它；使自己面向這些地形，湖泊沼澤、蘆葦、山林和草木茂盛的地形，必須謹慎地反覆搜尋，這些都是敵人可能設下埋伏和隱蔽奸細的地方。

　　敵人離我很近而安靜的，是倚仗他占領著險要地形；敵人離我很遠但挑戰不休，是想誘我前進；敵人之所以駐紮在平坦地方，是因為對他有某種好處。許多樹木搖曳擺動，是敵人隱蔽前來偷襲；草叢中有許多遮障物，是敵人布下的疑陣；群鳥驚飛，是下面有伏兵；野獸駭奔，是敵人大舉突襲；塵土高而尖，是敵人戰車駛來；塵土低而寬廣，是敵人的步兵開來；塵土疏散飛揚，是敵人正在拽柴而走；塵土少而時起時落，是敵人正在紮營。

　　敵人使者措辭謙卑怯又在加緊戰備的，是準備進攻我軍；措辭強硬而軍隊又做出前進姿態的，是準備撤退；輕車先出動，部署在兩翼的，是在布列陣勢；敵人尚未受挫而來講和的，是另有陰謀；敵人急速奔跑並排兵列陣的，是企圖與我決戰；敵人半進半退的，是企圖引誘我軍。敵兵倚著兵器而站立的，是饑餓的表現；供水兵打水自己先飲的，是乾渴的表現；敵人見利而不進兵爭奪的，是疲勞的表現；敵人營寨上聚集鳥雀的，下面是空營；敵人夜間驚叫的，是恐慌的表現；敵營驚亂紛擾的，是敵將沒有威嚴的表現；旌旗搖動不整齊的，是敵人隊伍已經混亂。敵人軍官易怒的，是全軍疲倦的表現；用糧食餵馬，殺馬吃肉，收拾起汲水器具，部隊不返營房的，是要拚死的窮寇；低聲下氣同部下講話的，是敵將失去人心；不斷犒賞士卒的，是敵軍已無計可施；不斷懲罰部屬的，是敵人處境困難；先粗暴然後又害怕部下的，是最不精明的將領；派來使者送禮言好的，是敵人想休兵息戰；敵人逞怒跟我對陣，但久不交鋒又不撤退的，必須謹慎地觀察他的企圖。

　　打仗不在於兵力越多越好，只要不輕敵冒進，並集中兵力、判明敵情，取得部下的信任和支持，也就足夠了。那種既無深謀遠慮而又輕敵的人，必定會被敵人俘虜。士卒還沒有親近依附就執行懲罰，那麼他們會不服，不服就很難使用。士卒已經親近依附，如果不執行軍紀軍法，也不能用來作戰。所以，要用懷柔寬仁使他們思想統一，用軍紀軍法使他們行動一致，這樣就

必能取得部下的敬畏和擁戴。平素嚴格貫徹命令，管教士卒，士卒就能養成服從的習慣；平素從來不嚴格貫徹命令，不管教士卒，士卒就會養成不服從的習慣。平時命令能貫徹執行的，表明將帥同士卒之間相處融洽。

闡釋

　　本篇以「行軍」為名，論述了在不同地理條件下行軍、駐紮及觀察、判斷敵情等問題。

　　孫子開篇便提出了山地、江河、沼澤、平原這四種地形的處軍方法，又指出了各種地形在軍事上如何為己所用，又如何防止對方利用。地形對戰事有著舉足輕重的影響，不可不深究。在本篇中，孫子還根據歷史上各種戰爭的現象，提出了三十一種觀敵的方法。敵人常常借助各種地形隱蔽自己，以達到其策略目的，因此，統帥三軍的將帥，應獨具慧眼，見微知著。只有透過迷亂的表象，洞察敵人的真正意圖，才能「舉軍必勝」。

　　此外，孫子還提出了賞罰並重的治軍方法：「令之以文，齊之以武。」對於軍隊的治理應用文武兼治之策。所謂「文」，指政治教育；所謂「武」，即用軍法整飭。讓士卒心悅誠服地去打仗，是戰則必勝的前提條件之一。

　　「用師之本，在知敵情。」只有透過迷亂的表象，看到敵人真正的意圖，才可能「舉軍必勝」。

　　活學活用

▎《行軍篇》之一──明察秋毫，知而勝之

　　眾樹動者，來也；

　　眾草多障者，疑也；

　　鳥起者，伏也；

　　獸駭者，覆也。

《孫子兵法》與軍事──齊魯長勺之戰

聰明睿智的將領，能透過一些微不足道的現象，透過邏輯推理，察微知著，看到事物的本質，從而作出正確的軍事決策。春秋時期的齊魯長勺之戰，魯將曹劌在齊軍敗退後，正是在觀察到齊軍的軍旗倒下、車輪的痕跡一片混亂，才判斷齊軍是真正的大敗，從而發出追擊的命令。

西元前六八四年，齊國背棄了與魯國訂立的盟約，發兵侵犯弱小的魯國。

齊軍與魯軍在長勺遭遇。魯莊公御駕親征，旁邊坐著新請來的參謀曹劌，對面的齊軍已擺開架式，只等作戰的鼓聲擂響。

不一會兒，齊軍戰鼓齊鳴，殺聲震天，兵士如潮水般衝了過來。魯莊公也想下令擂鼓出擊，被曹劌制止了。曹劌對魯莊公說：「敵人銳氣正盛，只可以嚴陣以待，急躁不得。」

齊軍一陣衝鋒過來，卻如木板碰鐵桶一樣，衝不垮魯軍的隊列只得退下。不久，齊軍再次擂鼓衝鋒，魯軍依然歸然不動，鐵桶似乎更堅固了。隨著一聲令下，齊軍的戰鼓又像雷一樣響起來。

但是，這時的齊軍士兵雖然嘴裡叫喊著，心裡認為魯軍不敢出擊，鬥志無形中鬆懈下來。

曹劌聽到齊軍第三次擊鼓，便對魯莊公說：「是出擊的時候了！」於是，待命的魯軍士兵像猛虎撲食一樣衝了出去。齊軍臨戰而慌，被殺得七零八落大敗而逃。

魯莊公見敵人逃卻，忙下令乘勝追擊。曹劌又馬上制止：「別忙，等一會兒。」說完，他跳下車，看看地上的車轍馬跡，又站在車頂上向逃走的齊軍望了一陣，然後說：「放心追趕下去，殺他個片甲不留！」魯軍乘勝追擊，把齊軍趕回齊國，俘獲的戰利品堆積如山。

在慶功宴會上，魯莊公問曹劌：「為什麼要在敵人擊鼓三次後才出擊呢？」

曹劌答道：「凡打仗，全憑士兵的一股勇氣。當第一次擊鼓的時候，齊軍的士氣很旺盛，好比猛虎下山，千萬不可硬碰。第二次擊鼓時，齊軍的鬥志開始鬆懈。到第三次擊鼓時，齊軍的士氣低落，精神疲憊，戰鬥力驟減。而這時我軍初次鳴鼓進攻，策新羈之馬，攻疲乏之散，自然就可以旗開得勝。」

魯莊公又問：「可是，當齊軍敗退時你為什麼阻止我下令追擊，待望過天、看過地之後才允許窮追不捨，這又是什麼道理呢？」

曹劌又說：「兵者，詭道也。齊軍詭計多端，如果敗走有詐，誘我追擊，就可能中了他們的埋伏。因此，我下車看看車轍馬跡，雜沓非常，證明是倉惶逃軍。遠遠望去，齊軍旗歪陣亂，說明他們確實打了敗仗。在這種情況下，我才敢大膽進軍。」

魯莊公聽罷曹劌這番話，親自賜給曹劌一杯勝利酒。

《孫子兵法》與商業——周玉鳳的生財之道

茫茫商海，孕育著無限商機，而商機來自訊息。每一個搏擊商海的人都應以敏銳的眼光，深邃的洞察力，捕捉瞬息而逝的市場訊息，從而抓住機會，開創事業。

臺灣「天作實業公司」的女老闆周玉鳳，從報紙看到這樣一條訊息：科威特由於完全是沙漠，每年需要進口大量泥土種植花草，美化環境。這條簡單的訊息啟發了這位有經商頭腦的老闆，她認定小草可以作為商品，它會比泥土更有發展前途。於是，她投入資金，請科學研究部門和專家協助研究一種可以不需泥土種植的小草。不久，果然獲得成功，小草成為天作實業公司的發展之源。

天作實業公司研究出來的小草，準確地說，應為「植生綠化帶」，是一種可以大量生產的標準草皮。它的構成，首先是用化學纖維與天然纖維製成「不織布」，然後把青草種子和肥料均勻地灑在兩層「不織布」之間，捲成一卷，再把它包裝好，由商店進行零售。用戶在使用時，只要把這些「不織布」鋪在地上，敷上一層薄薄的泥土或稻草，每天灑水保持濕潤，不用一個月的

時間，這些地毯般的「不織布」就會長出綠茸茸的小草，這與在泥地上種出的草坪毫無異樣。

這種「植生綠化帶」優點很多，它到處可以「種植」，不管在泥地上或沙漠上，乃至樓宇的頂屋陽台，只要把「不織布」鋪開和保持濕潤，綠草就會如期長出來。它既可以防止灑水時把草種沖走，又能保持水分使小草均勻成長，成本低，存活率高，幾乎達到百分之百。正因為它比泥土種植草坪優越，所以很受建築商和用戶歡迎，它一上市，很快就被搶購一空。「植生綠化帶」原來是日本首先開發的，但由於它疏於對「不織布」的精細研究，它的化學纖維成分搭配不當。因天然纖維只占百分之二十，化學纖維占百分之八十，這樣構成的「不織布」空隙較多，草的種子容易掉失和易於被水沖走，這樣，必然使植草存活率不高。天作實業公司針對日本產品的這些弱點，把「不織布」進行了改良，使用天然纖維和化學纖維各百分之五十，結果克服了日本同類產品的弱點。

天作實業公司的研製成功後，沿著訊息提供的方向，派人到科威特、沙烏地阿拉伯、阿聯酋等國家去推銷這種「不織布」，並在當地進行「植生綠化帶」的示範種植，宣傳它可以美化環境，見效迅速，還有定沙、防沙的優良特點。經過三個月的推銷活動，很快使當地人信服了，連酋長和王子都得意地稱這種產品是「臺灣創造的現代神毯」。之後，天作實業公司的小草生意越做越大，來自世界各地的訂單應接不暇，利潤如潮水般湧來。

《孫子兵法》與處世——林肯智擒偽證人

農諺云：「早上放霞，等水燒茶；晚上放霞，乾死蛤蟆。」前者說明一定會下雨，後者說明第二天是個好天氣。可見，生活中的許多現象都是有規律可循的，只要我們認真觀察、善於總結經驗，就一定能透過現象，看到本質。

亞伯拉罕·林肯是美國的第十六位總統，他在就任總統前，曾經當過律師，接手過著名的阿姆斯壯案件。

阿姆斯壯是林肯的一位已故好友的兒子，為人正直、善良，但卻被誣陷為謀財害命的罪犯。全案的關鍵在於原告方面的證人福爾遜，他在法庭上發誓說：十月十八日晚，他在草堆後面，在明亮的月光下，清清楚楚地看見阿姆斯壯躲在大樹後面向被害人開槍射擊，打死了被害者。

　　林肯堅信阿姆斯壯是無辜的，他在查閱了有關檔案後，又實地考察了被害者遇難現場，然後以被告律師的身分要求法庭開庭覆審。

　　在法庭上，林肯問福爾遜：「你在草堆後面看見阿姆斯壯，從草堆到大樹有二、三十米呢，你不會看錯嗎？」

　　福爾遜毫不猶豫地回答：「不會錯，因為月光很亮。」

　　林肯又問：「你能肯定不是從衣著方面認清的嗎？」

　　福爾遜說：「肯定不是。當時，月光正照在他的臉上，我清清楚楚地認出了他的那張臉。」

　　林肯追問道：「你能肯定時間是在晚上十一點鐘嗎？」

　　福爾遜聳聳雙肩，道：「毫無疑問。因為我立即回屋看了看鐘，那時正是十一點一刻。」

　　林肯最後問道，「你能擔保你說的全是事實嗎？」

　　「我可以發誓！」福爾遜面對林肯和眾多的聽眾，神情有些激動，「我說的全是事實！」

　　林肯向四周看了看，然後以不容置疑的口吻，鄭重地宣布道：「尊敬的陪審團的女士們，先生們，我不能不向大家宣布一個事實：這位福爾遜證人先生是一個地道地道的大騙子！」

　　法庭內頓時騷動起來。

　　「肅靜！肅靜！」法官威嚴地喝道。

　　原告律師氣憤地質問林肯：「請律師先生回答，你有什麼證據指責我的證人是騙子？」

　　林肯微微一笑，不慌不忙他說：「你的證人福爾遜先生口口聲聲說他在明亮的月光下清清楚楚地看到了阿姆斯壯的臉，可是，請不要忘記，十月十八日那一天是上弦月，在十一點的時候，它早已下山了，福爾遜先生是如何看到明亮的月光和阿姆斯壯的臉的呢？退一步來說，即使是福爾遜先生把時間記錯了，月亮還在天上，但在那個時候，月亮是在西天上，月光是從西照射向東的，大樹在西面，草堆在東面，被告阿姆斯壯如果真的是在大樹後面，面向草堆，他的臉上是不可能有月光的，福爾遜先生怎麼能看到月光照在被告的臉上並認出被告呢？」

　　法庭內發出一片哄笑聲，聽眾、陪審團以及法官們都為林肯無懈可擊的分析而折服。

　　證人福爾遜狼狽不堪，他只好供認自己是被人收買來誣陷被告的，阿姆斯壯被當庭宣告無罪釋放。

　　林肯憑藉聰明才智，揭穿了偽證人的卑鄙行徑，為無辜的阿姆斯壯洗去了恥辱，也為自己贏得了聲譽。

　　所謂「文」，指政治教育；所謂「武」，即用軍法整飭。讓士卒心悅誠服地去打仗，是戰則必勝的前提條件之一。

《行軍篇》之二——令之以文，齊之以武

　　令之以文，

　　齊之以武，

　　是謂必勝。

《孫子兵法》與軍事——李光弼治軍

　　治軍強調文武兼施、賞罰並重。「文」，即用政治、道義教育士卒，還包括愛護和獎賞士卒；「武」，即用軍紀、軍法約束士卒。文武之道，一張一弛，誰用得巧妙，誰就是勝者。

唐玄宗天寶十五年，正值安史之亂爆發，李光弼被任命為雲中太守兼任御史大夫，還擔任河東節度副史、知節度事。當年二月，李光弼率領五千人與郭子儀軍會合，向東攻克井陘，收復常山郡。史思明率領數萬叛軍來救援常山，李光弼率軍追擊敵人，將史思明軍擊潰，進而收復藁城等十多個縣，向南攻打趙郡。三月，李光弼兼任范陽長史、河北節度使，攻克了趙郡。

　　李光弼認為，范陽是安祿山的老巢，應該先攻占范陽，以斷絕叛軍的根本。當時，唐將哥舒翰鎮守潼關中計失利，叛軍直逼長安，唐玄宗倉皇逃往蜀郡，這樣一來，全國人心震動。唐肅宗在靈武即位，整理軍隊，派遣使者見李光弼、郭子儀，讓他們趕赴皇帝駐地，肅宗任命李光弼為戶部尚書，兼太原尹、北京留守、同中書門下平章事，率領景城、河間的士兵五千人趕赴太原。

　　當時，太原節度使王承業不整理軍務、政務。肅宗降旨，命侍御史崔眾把兵權交給河東節度使。崔眾看不起王承業，有時竟身穿鎧甲，手持兵器衝入王承業辦事的大廳，戲弄王承業。李光弼聽說以後，對這種情況憤憤不平。後來李光弼被任命為太原、北京留守之後，崔眾就要把兵權交給李光弼。崔眾率領部下來到李光弼的駐地，李光弼親自出迎，雙方的旗幟已經碰到一起，崔眾居然不讓部下迴避，表現得極為無禮。李光弼十分惱怒，崔眾又不肯按旨立即交出兵權，李光弼便下令將崔眾拘禁起來，準備處置他。

　　這時，朝廷的使者帶著著肅宗的敕令來到，使者問崔眾在什麼地方。李光弼說：「崔眾有罪，我已經把他拘禁起來了！」使者把敕令給李光弼看，敕令是授予崔眾御史中丞的官銜。李光弼說：「崔眾現在是侍御史，我現在只斬侍御史；如果宣布了敕令，就斬御史中丞。即使授予崔眾宰相的官職，我也要斬宰相。」使者聽了他的話，十分懼怕，就收藏起了肅宗的敕令，返回肅宗的駐地。

　　第二天，李光弼讓軍隊包圍了拘押崔眾的房子，把崔眾押到碑堂之下斬首示眾。李光弼之威，使三軍震動。李光弼就是這樣一個正直剛硬、不懼威勢的人。

　　此事發生以後的第二年，即至德二年，叛軍將領史思明、蔡希德、高秀岩、牛廷玠等四人率領十多萬軍隊來攻太原。李光弼經過河北苦戰，精銳的軍隊全都派往朔方一帶留守，部下只剩下不足一萬人，而且還都是一些老弱病殘之人。史思明對眾將說：「李光弼兵少而弱，可以很快攻取太原，進而向西進軍，攻占河西、隴石、朔方，我們就沒有後顧之憂了！」他的分析是對的，如果攻下了太原，史思明就可以長驅直入了。

　　李光弼的部下聽說了敵情之後，都十分恐懼，紛紛主張修繕城牆，準備迎擊敵軍。李光弼說：「太原城周長四十里，叛軍很快就要到達城下，現在動如此大的工程，敵人還未到來，我們就先搞得將士疲憊不堪了，那反而成了以自己的疲憊之師來迎接敵人的精銳之師了。」於是李光弼就親自率領部下的將士及全城百姓，在城外挖掘壕溝，以作為固守的工事。李光弼的部下不知道挖這些壕溝的用處。等到叛軍攻城時，李光弼就命令士兵和白姓用挖壕溝掘出的土打成土坯，隨時修補城牆。

　　叛軍久攻不下太原，李光弼就命令士兵把地道一直挖到敵人腳下，先用立木支撐，然後待敵人再來靠近叫罵時，令士兵同時拉倒立木，使敵人突然全都陷進地道內，非死即傷，僥倖活命的全部被擒。從此，敵人一舉一動都要仔細察看地面，不敢再靠近城牆。李光弼還命令部下將士用強弩發射石子，打擊敵人，叛軍將士被打死的有十分之二三。城中的官兵、百姓都非常佩服李光弼的指揮才能，使軍民士氣大振，紛紛要求主動出擊。

　　史思明知道太原城很難攻下，就先率領部分軍兵返回，留下蔡希德等人繼續攻城。經過一個多月的較量，唐軍士氣高漲，叛軍疲憊不堪，士氣低落。李光弼率領敢死隊主動出擊，大敗叛軍，斬首級七萬餘，叛軍倉皇逃走，軍資器械全都丟棄，唐軍大獲全勝。

　　從叛軍開始攻太原城，到叛軍被擊潰逃遁，共五十多天。李光弼在城東南角支起一頂小帳篷，隨時登城指揮。這期間，他從不回府探望家人。叛軍退去三天以後，李光弼處理完軍務，才回到府第與家人團聚。

　　不久，肅宗降旨，對李光弼堅守太原，以少勝多，以弱勝強的功績大加讚賞，封他為司空，兼兵部尚書、中書下平章事，進封為魏國公。

《孫子兵法》與商業——保羅・蓋蒂的成功之路

人不是機器，如果一個企業把人同自動化的機器同等看待，這個企業不會維持長久。孫子愛兵，其目的在於用兵。企業的管理者也應愛自己的員工，如此員工才會「一心樂為其用」。證明你的領導水平、顯示你的領導特質，最好的途徑是用行動樹立榜樣，而不是用言語來表明。

保羅・蓋蒂不到二十四歲時就成為一個獨立的石油經營者，並賺到了第一個百萬美元。

蓋蒂的大部分時間都用在鑽探上，他穿著滿身油汙工作服與工人們吃在一起、做在一起，深得僱員們的信賴。

有一次，一位老練的油田工人出現在蓋蒂的鑽井場地，提出要在蓋蒂手下找一份工作。蓋蒂知道他是在一家大公司工作，便問道：「那裡的條件比我這裡好多了，為什麼非要到我這裡來呢？」油田工人怒氣衝衝地說：「我在那個鑽井場已做了五個月，只鑽了四千英呎！」

蓋蒂笑了，問：「那麼，你認為要是由我來做，需要多少天才能鑽這麼深？」

油田工人回答：「十天！我敢打賭。這就是我為什麼不願在那邊做的原因。」

這個油田工人後來成了蓋蒂手下的骨幹成員。

蓋蒂堅持認為：夥計與老闆之間所存在的緊密團結精神與相互信任是至關重要的。

有一次，蓋蒂在加利福尼亞西爾灘油田租得一小塊土地，而這一小塊土地又只能透過一條長四百多英呎、寬不足四英呎的地面來接通補給路線，載運物資和裝備的卡車根本開不進去，同行們都勸蓋蒂：「把這一塊油田忘記吧！你永遠不會在那裡鑽出一口井來——一百萬年也做不到。」

蓋蒂與他的工人們商量，一個鑽井工人說：「老闆，讓我們先去看看，我們會找到某種辦法，不要擔心！」

蓋蒂與工人們一起來到那塊土地上，工人們向蓋蒂提出了運用小型鑽井設備和鋪設窄軌鐵路的辦法，不但很快地打出了井，而且很快地產出了油。

蓋蒂的事業就是這樣迅速發展起來的。

《孫子兵法》與處世——謙虛的喬治‧馬歇爾

治軍要文武兼治，做人則要剛柔互濟。曾國藩說：「做人的道理，剛柔互用，不可偏廢。太柔就會萎靡，太剛就會折斷。剛不是說要殘暴嚴厲，只不過是正直而已。趨事赴公，需要正直；爭名逐利，需要謙退。」剛柔互用，就會處處得心應手，也易獲得別人的支持和幫助。

喬治‧馬歇爾是美國的一代名將，在第二次世界大戰中，他作為美國陸軍參謀長，為建立國際反法西斯統一戰線做出了重大貢獻。

鑒於其卓越功勳，一九四三年，美國國會一致同意授予馬歇爾美國歷史上從未有過的最高軍銜——陸軍元帥。但是馬歇爾堅決表示反對，他的公開理由是：如果稱他「馬歇爾元帥」後兩字發音相同，聽起來很彆扭。

其實真正的原因是，這樣一來，他的軍銜將高於當時已經病倒的陸軍四星上將潘興。馬歇爾認為潘興才是美國當代最偉大的軍人，何況自己又多次受潘興提拔和力薦之恩，馬歇爾不願使他崇敬的老將軍在地位和感情上受到傷害。

在第一次世界大戰中，馬歇爾隨美軍赴歐參戰。當時擔任美國遠征司令的潘興非常欣賞馬歇爾的才能，大戰末期就將他提升為自己的副官，視其為得意門生。後來潘興雖然退役，仍然多次力薦馬歇爾。在潘興的影響下，一九三九年馬歇爾領臨時四星上將軍銜出任美國陸軍參謀長。

馬歇爾對潘興司令有著很深的感情。一九三八年春，馬歇爾前往醫院探望躺在床榻上的潘興。潘興對他說：「喬治，總有一天你也會像我一樣當上四星將軍的。」馬歇爾滿懷感激之情謙虛地回答：「美國只有您才有資格獲四星上將軍銜，絕不可能再有另一個人！」聽到馬歇爾的肺腑之言，病中的潘興頓時熱淚盈眶：「謝謝你，喬治！」

馬歇爾拒絕當元帥後，為了表示對他的敬意，美國軍隊從此不再設元帥軍銜。

第十篇 地形篇

本篇名為《地形篇》。在本篇中，孫子論述了地形與戰爭的關係，明確提出了「地形者，兵之助也」這一觀點。只有把握地形的戰術性能，才能實施靈活而機動的基本戰術，給敵人以突然襲擊，同時在防禦中，巧用地形的自然保護性能，使部隊免遭敵人的攻擊。

良好的地理環境，只要巧妙利用，就可發揮最大優勢，並可彌補其他不足。

原文

孫子曰：地形有「通」者，有「掛」者，有「支」者，有「隘」者，有「險」者，有「遠」者。我可以往，彼可以來，曰「通」。通形者，先居高陽，利糧道，以戰則利。可以往，難以返，曰「掛」。掛形者，敵無備，出而勝之；敵若有備，出而不勝，難以返，不利。我出而不利，彼出而不利，曰「支」。支形者，敵雖利我，我無出也，引而去之，令敵半出而擊之，利。隘形者，我先居之，必盈之以待敵；若敵先居之，盈而勿從，不盈而從之。險形者，我先居之，必居高陽以待敵；若敵先居之，引而去之，勿從也。遠形者，勢均，難以挑戰，戰而不利。凡此六者，地之道也；將之至任，不可不察也。

故兵有「走」者，有「馳」者，有「陷」者，有「崩」者，有「亂」者，有「北」者。凡此六者，非天地之災，將之過也。夫勢均，以一擊十，曰「走」。卒強吏弱，曰「弛」。吏強卒弱，曰「陷」。大吏怒而不服，遇敵懟而自戰，將不知其能，曰「崩」。將弱不嚴，教道不明，吏卒無常，陳兵縱橫，曰「亂」。將不能料敵，以少合眾，以弱擊強，兵無選鋒，曰「北」。凡此六者，敗之道也，將之至任，不可不察也。

夫地形者，兵之助也。料敵制勝，計險遠近，上將之道也。知此而用戰者必勝，不知此而用戰者必敗。故戰道必勝，主曰無戰，必戰可也；戰道不勝，主曰必戰，無戰可也。故進不求名，退不避罪，唯民是保，而利合於主，國之寶也。

視卒如嬰兒，故可與之赴深溪；視卒如愛子，故可與之俱死。厚而不能使，愛而不能令，亂而不能治，譬若驕子，不可用也。

知吾卒之可以擊，而不知敵之不可擊，勝之半也。知敵之可擊，而不知吾卒之不可以擊，勝之半也。知敵之可擊，知吾卒之可以擊，而不知地形之不可以戰，勝之半也。故知兵者，動而不迷，舉而不窮。故曰：「知彼知己，勝乃不殆；知天知地，勝乃可全。」

譯文

孫子說：地形有「通」、「掛」、「支」、「隘」、「險」、「遠」等六種。凡是我們可以去，敵人也可以來的地域，叫做「通」；在「通」形地域上，應搶先占據開闊向陽的高地，保持糧道暢通，這樣作戰就有利。凡是可以前進，難以返回的地域，稱作「掛」；在「掛」形的地域上，假如敵人沒有防備，我們就能突擊取勝。假如敵人有防備，出擊又不能取勝，而且難以回師，這就不利了。凡是我軍出擊不利，敵人出擊也不利的地域叫做「支」。在「支」形地域上，敵人雖然以利相誘，我們也不要出擊，而應該率軍假裝退卻，誘使敵人出擊一半時再回師反擊，這樣就有利。在「隘」形地域上，我們應該搶先占領，並用重兵封鎖隘口，以等待敵人的到來；如果敵人已先占據了隘口，並用重兵把守，我們就不要去進攻；如果敵人沒有用重兵據守隘口，那麼就可以進攻。在「險」形地域上，如果我軍先敵占領，就必須控制開闊向陽的高地，以等待敵人來犯；如果敵人先我占領，就應該率軍撤離，不要去攻打他。在「遠」形地域上，敵我雙方地勢均同，就不宜去挑戰，勉強求戰，很是不利。以上六點，是利用地形的原則。這是將帥的重大責任所在，不可不認真考察研究。

軍隊打敗仗有「走」、「馳」、「陷」、「崩」、「亂」、「北」六種情形。這六種情況的發生，不是天時地利等自然條件造成的災害，而是將帥用兵的錯誤導致的。凡是雙方實力相當，卻要以一擊十，必然導致失敗而臨陣敗逃，叫做「走」。士卒強悍而軍官怯懦，必然指揮不靈，士氣低迷，叫做「馳」。軍官強悍而士卒怯懦，必然戰鬥力差，以致全軍陷滅，叫做「陷」。高級將

領怨怒而不服從主帥命令，遇到敵軍只憑一腔仇恨而擅自出戰，主帥卻不知道他的能力，必然導致潰敗而土崩瓦解，叫做「崩」。將帥怯懦無威嚴，訓練教育士兵沒有章法，致使官兵關係不正常，布陣雜亂無章，部隊混亂不堪，叫做「亂」。將帥不能正確判斷敵情，用少數兵力去迎擊敵人重兵，以弱擊強，又沒有精銳的前鋒部隊，必然失敗，叫做「北」。以上六種情況，是造成失敗的必然規律，也是將帥的重大責任之所在，不可不給予認真的考察研究。

地形是用兵打仗的輔助條件。正確判斷敵情，考察地形險易，計算道路遠近，這是高明的將領必須掌握的方法，懂得這些道理去指揮作戰的，必定能夠勝利；不了解這些道理去指揮作戰的，必定失敗。所以，根據分析有必勝把握的，即使國君主張不打，堅持打也是可以的；根據分析沒有必勝把握的，即使國君主張打，不打也是可以的。所以，戰不是為了謀求勝利的名聲，退不是為了迴避失利的罪責，只求保全百姓，而有益於國君的利益，這樣的將帥才是國家的寶貴財富。

對待士卒就像對待嬰兒那樣百般呵護，士卒就可以與將帥一起共赴危難；對待士卒就像對待兒子那樣關懷疼愛，士卒就可以與將帥同生共死。但是厚待士卒而不使用他們，愛護士卒而不用法令約束他們，士卒違法亂紀而不去懲治他們，士卒就會像驕慣的孩子一樣，是不能派他們來作戰的。

只知道自己的軍隊可以打仗，而不了解敵人不可以攻打，勝利的可能只有一半；只知道敵軍可以攻打，而不了解自己的軍隊不能去攻打，勝利的可能也只有一半；知道敵人可以攻打，也知道自己的軍隊可以去攻打，但不了解地形條件不宜於向敵軍發起攻擊，勝利的可能同樣只有一半。所以，真正懂得用兵的將帥，行動起來不會迷惑，他的戰術措施變化多端。所以說：「了解敵人和自己，取勝就不會有差錯；知道天時，知道地利，那麼，就能取得完全的勝利了。」

闡釋

本篇名為《地形篇》。在本篇中，孫子論述了地形與戰爭的關係，明確提出了「地形者，兵之助也」這一觀點。

孫子開篇論述了「通」、「掛」、「支」、「隘」、「險」、「遠」這六種地形，其核心就是闡述地形的戰術性能。只有把握地形的戰術性能，才能最有效地使用火器和其他兵器，實施靈活而機動的基本戰術，給敵人以突然襲擊，同時在防禦中，巧用地形的自然保護性能，使部隊免遭敵人的攻擊。

　　孫子還提出軍隊有「走」、「馳」、「陷」、「崩」、「亂」、「北」這六種必敗的情況。他透過對這六種必敗情況的綜合分析，提出了軍隊的將領在指揮作戰時，應避免以一擊十、兵強將弱、擅自出戰、治軍無法、以小擊大等被動、盲目的行動。將領應既了解自己又了解敵人，尤其在地形方面更應特別注意。如此才能作出正確決策，於己有利。

　　「視卒如嬰兒」，是孫子提出的處理將與兵關係的原則，他說只有視士卒如嬰兒，如愛子般關心他們，才可能使士兵與將領同生共死；但不能嬌慣他們，一味縱容，這就像溺愛的孩子「不能使」、「不能令」一樣，是成不了大器的。

　　活學活用

▌《地形篇》之一——夫地形者，兵之助也

　　夫地形者，

　　兵之助也。料敵制勝，

　　計險、遠近，

　　上將之道也。

《孫子兵法》與軍事——岳飛巧借地形戰襄陽

　　地形對戰爭有著舉足輕重的影響，運用得好，它可以使軍隊如虎添翼，運用得不好，它就是兵潰戰敗的陷阱。做將帥的只有在戰前實地考察不同的地形，對戰局瞭然於胸，才能駕馭複雜的地形，出奇制勝。

南宋紹興年間，岳飛受命去收復金人的傀儡政權──偽齊所占領的襄陽、鄧州等六郡。

襄陽左臨襄江，據險可守；襄陽的右面是一馬平川的曠野，正是廝殺的戰場。駐守襄陽的偽齊守將李成有勇無謀，把騎兵布防在江邊上，卻命令步兵駐紮在平地上。岳飛了解了李成的布防情況後，破敵之計瞭然於胸。他命令部將王貴：「江邊亂石林立，道路狹窄，正是步兵的用武之地，你可利用江邊的地形，率領步兵，用長槍攻擊李成的騎兵。」岳飛又命令部將牛皋：「敵步兵列陣於平野，你率騎兵衝擊敵步兵，不獲全勝不得收兵！」兩將領命而去。

戰鬥開始後，王貴率步兵衝入李成江岸的騎兵隊伍中，一支支長長的利槍直往戰馬的腹部刺去，一匹匹戰馬應槍而倒。江邊道路坎坷，前面的戰馬倒斃後，後面的戰馬無路可走，也紛紛跌倒，許多戰馬被迫跳入水中，李成的騎兵很快就失去了戰鬥力。

牛皋是員猛將，他率領鐵騎閃電般地向李成的步兵發起衝擊，李成的步兵連招架之力都沒有，紛紛喪命鐵蹄之下，轉眼之間，步兵隊伍就全線崩潰。

李成眼巴巴地看著自己的隊伍土崩瓦解，便掉轉馬頭，棄城而去，岳飛順利地收復了襄陽城。

此後，岳飛又乘勝收復了鄧州等五郡，被宋高宗提升為清遠軍節度使。

《孫子兵法》與商業──南方大廈巧做雨傘生意

地形，是用兵的輔助條件，判斷敵情，制定取勝的計謀，研究地形的險易，計算路程的遠近，這是高明將領的用兵方法。在商戰中，「因地制宜」也是企業經營決策和實施中重要原則之一。

廣州南方大廈是國內屈指可數的商業大廈之一，一九八〇年代曾創下年銷售總額二點七億元的記錄，列全國第一位。此中原因當然很多，但南方大廈善於發揮自己獨特的地理優勢，巧做生意，不能不算一個重要原因。

一九八二年，南方大廈的銷售主管從氣象部門得知一條重要訊息：明春雨季長、雨量大，廣州多陰雨天。這位主管在核實了氣象消息之後，決定預先購入一批雨傘。事有湊巧，當時深圳有一家公司因積壓了二十五萬把雨傘而一籌莫展，主管果斷地支付了一百萬元鉅款，將人家的「庫存貨」放在自己的庫中「庫存」了起來。第二年春天，廣州果然陰雨不斷，二十五萬把雨傘未等雨季過去，早已銷售一空。

令大廈內的職員和同行們不解的是，雨季剛剛過去，廣州陽光燦爛，這位銷售主管又購入了二十萬把雨傘，人們議論紛紛：「主管是不是發財發過了頭？不下雨了購入這麼多傘賣給誰？再說，即使是下雨，廣州市民們的傘早已買得不少了，誰還買雨傘啊？」

說也怪，氣象預報指出：降雨區離開廣州不斷北上，然後在長江流域和黃河流域止步不前。南下的遊客們都知道這一天氣趨勢，而且很喜歡廣州的雨傘，於是在返歸之前，人人都選購一把稱心的雨傘。這時候，廣州市的其他商廈大多已沒有貨源，南方大廈「天馬行空」，又發了一筆財！

《孫子兵法》與處世──馬克吐溫的「環境創造法」

為人處世與兵戰一樣，也要注意環境的創造。氛圍不同會產生不同的辦事效果。經驗告訴我們，任何人處在瀰漫著某種情緒的環境中時，都會受到環境的感染，使自己的情緒不知不覺地被環境所同化。比如，肅穆的氣氛，能使人產生一種悲壯感；明快歡樂的氣氛，能使人產生一種輕鬆感；壯懷激昂的氣氛，易於振奮人的精神；咄咄逼人的氣氛，容易使人產生一種壓抑感……為了達到不同的辦事目的，我們應該學會製造不同的辦事氣氛。

有一年，美國著名的幽默作家馬克‧吐溫等一行二十來人參加道奇夫人的家宴。不一會兒，就出現了大宴會經常發生的情況：人人都在跟旁邊的人談話，而且同一時間講話，慢慢地，大家便把嗓音越提越高，拚命想讓對方聽見。

馬克‧吐溫覺得有傷大雅，太不文明了。而如果這一時間大叫一聲，讓人們都安靜下來，結果肯定會惹人生氣，甚至鬧得不歡而散。怎麼辦呢？

　　馬克‧吐溫心生一計。他對鄰座的一位太太說：「我要把這場騷亂鎮下去。我要讓這場吵鬧靜下來，方法只有一個，我懂得其中奧妙：您把頭歪到我這邊來，彷彿對我講的話非常好奇。我就這樣低聲說話。

　　這樣，旁邊的人因為聽不到我說的話，所以才更想聽到我的話。」

　　「我只要嘰嘰咕咕一陣子，你就會看到，談話會一個個停下來，便會一片寂靜，除了我嘰嘰咕咕的聲音外，其他什麼聲音也沒有。」

　　接著，他就低聲講了起來：「十一年前，我到芝加哥去參加歡迎格蘭特的慶祝活動時，第一個晚上設了盛大的宴會，到場的退伍軍人有六百多人。坐我旁邊的是×× 先生，他耳朵很不靈便，有個聾子常有的習慣，不是好好地說話，而是大聲地吼叫。他有時候手拿刀叉沉思五、六分鐘，然後突然一聲吼叫，會嚇你一跳。」

　　說到這裡，道奇夫人那邊桌子上起義般鬧哄哄的聲音小下來了，再後來寂靜沿著長桌，一對對一雙雙蔓延開來。

　　到這時候，馬克‧吐溫的嘰嘰咕咕聲已經達到了目的，餐廳裡一片寂靜。馬克‧吐溫見時機已到，便開口說明他之所以要玩這個遊戲，是請他們把應得的教訓記在心上，從此要講究禮貌，顧念大家，不要一大夥人同聲尖叫，讓大家一個一個地講。這樣，馬克‧吐溫用故弄玄虛的辦法製造了一種和諧有序的說話氣氛。

▍《地形篇》之二——戰道必勝，君令不受

戰道必勝，

主日無戰，必戰可也；

戰道不勝，

主日必戰，無戰可也。

《孫子兵法》與軍事——趙延進大敗遼軍

孫子曰：「途有所不由，軍有所不擊，城有所不攻，地有所不爭，君命有所不受。」執行命令是軍人的天職，但特殊情況下也要視具體的情況而定，一味地拘泥於教條，只能得到失敗的結局。

宋太宗趙光義為了防止將領們擁兵自重，每到用兵之時，才臨時任命官員擔任指揮使、都招討使等職務，帶兵出征。另外，將軍出征之前，皇帝還要親自授予陣圖，要求指揮官必須按著規定的陣圖作戰。不管戰事如何，一律不許更改。就是敗了，也無大罪，不然，嚴懲不怠。這樣一來，儘管宋朝兵多將廣，武器精良，但由於照圖打仗，在和遼國作戰中屢戰屢敗，因此，每次出征，士兵們都又懾又懼，士氣十分低落。

遼國燕王韓匡嗣於西元九七九年九月又領兵侵犯宋邊境。太宗命雲州觀察使劉廷翰率兵禦敵，命崔翰、趙延進、李繼隆等帶兵參戰。

臨行之時，太宗故技重演，又把陣圖賜給了眾將，命他們按圖作戰，還要「務求必勝」。宋軍行到滿城之時，遼兵漫山遍野，從東西兩面蜂擁而來，登高望去，只見煙塵滾滾，望不到邊際。

眾將眼看遼兵就要衝上來了，急忙按圖布陣。太宗這次賜給他們的陣圖是把大軍分成八陣，每陣之間相隔百步遠，把兵力分散開。

兵力這樣分散，能擋住遼兵鐵騎的衝擊嗎？大家禁不住驚慌恐懼起來。「皇上派我們來，不就是要把敵人打回去嗎？按著圖上打，非敗不可，情況緊急，只有集中兵力，才能勝利。這樣雖然有不照圖打仗的罪名，但總比喪師辱國好得多！」趙延進大聲說，他決心根據實際情況布陣排兵。

「萬一敗了，那可如何是好？」崔翰憂心忡忡地說。

「如果兵敗，罪名由我承當。」趙延進堅定地說，因為他見遼國大軍已迫近，不能再遲疑了。可崔翰還是猶豫不決，擅改聖旨的罪名實在令他恐懼。

「兵貴適變，怎能預定，這違背聖旨的罪名，我一人承擔了，如再遲疑，可就來不及了！」李繼隆也催促說。

崔翰終於下定決心，把八陣改為二陣，前後呼應。還派人去詐降。遼燕王韓匡嗣深信不疑，絲毫不加防備。

沒過多久，戰鼓齊鳴，殺聲震天，宋軍突然殺出，遼軍措手不及，很快敗退下去；宋軍窮追猛打，許多遼兵墜入坑谷。這一仗，宋兵斬殺遼兵萬人，活捉數千，繳獲戰馬千匹，兵器不計其數。

捷報傳到京師，宋太宗沒有追究不按圖作戰的責任，反而封賞了趙延進。但奇怪的是，在以後的對遼作戰中，太宗還是搞那老一套：戰前賜陣圖，定策略，將領們不得違背，戰爭的勝負情況，也就可想而知了。

《孫子兵法》與商業——摩根的第一桶金

任何原則、條例都不能以機械的方式進行，尤其在重大問題上，決策果斷，不迷信經驗、權威，才是處理問題的關鍵。當然，勇於決策並不是盲目決策，而是經過深思熟慮才有的決定。

西元一八五七年，二十歲的摩根從德國哥廷根大學畢業後進入鄧肯商行工作，在查爾斯·達布尼的指導下學習會計和記帳。

有一次，摩根被派往古巴的哈瓦那採購海鮮。回來的時候，貨船在紐奧良碼頭作了短暫的停泊休憩。

摩根是一個聰明勤奮的人，尤其是在時間管理和利用方面，更是獨具匠心，比如，就是這一短暫的休憩也被他充分利用上了。別的人在休息室閒來無事，不知如何打發時間，而摩根卻爭分奪秒，抓緊時間步出碼頭，一面放鬆身心，一面觀察行情，尋找可能利用的商機。

真是皇天不負有心人。就在摩根信步碼頭的時候，一位素昧平生的白種人從後邊猛然拍了一下摩根的肩膀，神祕地說道：「尊貴的先生，請問您想買一些咖啡嗎？」

摩根下意識地感覺到發財的機會出現了，馬上次應道：「有多少？」

「足夠。」那陌生人幽默而機智地答道。

「什麼價錢？」摩根問道。

陌生人仔細打量了一下摩根，「如果你全部收下，我可以半價賣給你。」

「那當然。」摩根不假思索脫口而出。

經過詳細了解，摩根得知——原來這位素昧平生的白種人是一艘巴西貨船的船長，為一位美國商人運來了一船的咖啡。可是，當咖啡運到碼頭的時候，那位收貨的美國商人卻意外地破產了，根本無法支付貨款而接收咖啡，素昧平生的白種人只好就地賤賣拋售。

「尊貴的摩根先生，如果您真的有誠意全部購買，我情願只收半價，絕無戲言。」白種人再一次強調。

「為什麼？」摩根機警地反問。

「因為這等於您幫了我一個大忙。」

「此話當真？」

「當真！但是我有一個條件，就是您我必須是現金交易。」

摩根仔細察看了白種人船長拿出來的樣品，覺得咖啡的成色還不錯，估計市場潛力很大，於是立即果斷地決定全部買下。

實際上，摩根作出這樣的決定是要冒極大商業風險的。這是因為，第一，此時的摩根初出茅廬，雖然是大學畢業生，但是還沒有商業實踐經驗。第二，此時的摩根只是憑感覺做決定，還沒有時間去找到合適的買家，萬一這一船咖啡賣不出去，砸在手裡，後果將不堪設想！但是，摩根還是沒有任何猶豫，他憑藉著自己的直覺判斷，果斷地買下了這船咖啡。

回到美國後，摩根馬不停蹄地拿著咖啡樣品，到當地所有與鄧肯商行有聯繫的客戶那裡去推銷。

那些經驗豐富的公司職員都勸摩根：「年輕人，做事還是謹慎一點為好。雖然這些咖啡的價錢讓人怦然心動，但是，誰敢保證船艙內所有的咖啡都同樣品完全一樣呢？更何況以前曾經多次發生過船員欺騙買主的事啊！」

摩根堅信自己的判斷絕對沒錯。他仍熱情高漲地給紐約的鄧肯商行發去電報，把這筆生意的情況告訴他們。然而，喜形於色的摩根等來的卻是當頭棒喝，鄧肯商行對摩根的舉措嚴加指責：

「第一，絕對不許擅用公司名義做未經審批的事情！」

「第二，務必立即撤銷所有交易，不得有誤！」

熱血沸騰的摩根頓時涼透了心。但是，從小就爭強好勝的摩根面對鄧肯商行的堅決反對並沒有絲毫的畏懼退縮。他相信自己的直覺判斷絕對沒錯，他認定這是一筆極為有利可圖的大買賣。但是，沒有了商行的支持，摩根不得不硬著頭皮向遠在倫敦的父親吉諾斯求援。在父親吉諾斯的支持下，摩根一不做二不休，索性放開手腳大幹一場，把碼頭上其他幾艘船上的咖啡也以很便宜的價格全部買了下來，耐心等待著拋出機會。其動作之快，氣魄之大，令人讚嘆。許多熟悉摩根的人都為他捏了一把汗！

真是老天有眼，沒過多久，摩根就等來了很好的拋售機會。巴西的咖啡產量因為受到寒潮侵襲而驟然暴減，市場上居然出現了斷貨的情形。俗話說，物以稀為貴。此時咖啡的價格一下子暴漲了好幾倍！結果，敢於冒險的摩根終於大賺特賺。

《孫子兵法》與處世──旅行的「經驗」

為人處世同樣不能迷信經驗。生活中，別人出於好心，告訴你他的經驗，你應該禮貌地回應，因為他的經驗，乃是他的經歷所得，告訴你是讓你少走彎路。但是，對於別人的經驗，你也不能完全相信，因為世界萬物皆在不停的變化，經驗並不等於真理。

麥立克要坐火車從佛勒斯諾去紐約旅行。臨行時，他的舅舅嘉樂來看他，告訴他一些旅行的經驗。

「你上火車後，先選一個位置坐下，不要東張西望，」嘉樂告訴他的外甥，「火車開動以後，會有兩個穿制服的順通道走來問你要車票，你不要理他們，他們是騙子。」

「我怎麼認得出呢？」麥立克不解地問。「你又不是小孩，會認得的。」嘉樂似乎有點埋怨。「是的，舅舅。」麥立克點了點頭說。

「走不到二十里，就會有一個和顏悅色的青年來到你跟前，敬你一支菸。你就說，『我不會。』那菸捲是上了麻藥的。」「是的，舅舅。」麥立克微微一怔，但照例點了點頭。

「你到餐車去，半路上就有一個漂亮的年輕女子故意和你撞個滿懷，差點一把抱住你。她一路上左一個對不起，右一個很抱歉。你自然會很衝動想要跟她交朋友。但是，你要理智地走遠些。那女子是妓女。」「是什麼？」麥立克似乎沒有聽清楚。「是個婊子。」嘉樂提高聲音，「進去吃飯，點兩個好吃的菜，要是餐車裡人擠，要是有一個美貌的女子與你同桌，並坐在你對面，你別朝她看。要是她逗你說話，你就裝聾子。這是唯一的擺脫之道。」嘉樂認真地告誡他的外甥。「是的，舅舅。」麥立克不禁有點驚訝，還是點了點頭。

「你從餐車回到座位去，經過吸菸間，那裡有一張牌桌，玩牌的是三個中年人，手上全戴著看來很值錢的戒指。他們要是朝你點點頭，其中一個請你加入，你就跟他們說：『我不會。』」「是的，舅舅。」麥立克又點了點頭。

「我在外邊走得多了，以上並非我無中生有的胡說，就告訴你這些吧！」

「還有一件，」嘉樂好像又想起了什麼，叮嚀道，「晚上睡覺時，把錢從口袋裡取出來放在鞋筒裡，再把鞋放在枕頭底下，別睡著了。」「是的，舅舅，多謝您的指教！」麥立克向他的舅舅深深地鞠了一躬。

第二天，麥立克坐上了火車，橫貫美洲向紐約而去。

那兩個穿制服的人不是騙子，那個帶麻藥菸捲的青年沒有來，那兩個漂亮女子沒碰上，吸菸間裡也沒有一桌牌。第一晚麥立克把錢放在鞋筒裡把鞋放在枕頭下，一夜未闔眼。可到了第二晚他就不理會那一套了。

第二天，他自己請一個年輕人吸菸，那人竟高興地接受了。在餐車裡，他故意坐在一位年輕女子的對面。吸菸間裡，他發起了一桌撲克。火車離紐約還很遠，麥立克已認識車上的許多旅客了。火車經過俄亥俄州時，麥立克

與那個接受菸捲的青年，跟兩個瓦沙爾女子大學的學生組成一個四人合唱隊，大唱了一陣子，獲得了旅客們的好評。

那次旅行對麥立克來說是夠快樂的了。

麥立克從紐約回來了，他的舅舅又來看他。

「我看得出，你一路沒有出什麼岔子，你依我的話做了沒有？」一見面嘉樂就高興地問麥立克。「是的，舅舅！」麥立克還是那樣做了回答。

嘉樂面帶笑容，微微地轉過身去，眼望遠處自言自語地說：「我很快活，有人因我的經驗而得益。」

這是處理將與兵關係的原則。將領只有如愛子般關愛士卒，才能使士卒與自己同生共死。

《地形篇》之三——視卒如愛子，故可與之俱死

視卒如嬰兒，

故可與之赴深溪；

視卒如愛子，

故可與之俱死。

《孫子兵法》與軍事——吳起愛兵如子

「愛兵如子」為古今帶兵者所尊崇，但真正能做到的卻寥寥無幾。吳起與士卒同甘共苦，所以士卒追隨其作戰不避生死。可見，「視卒如嬰兒，故可與之赴深溪；視卒如愛子，故可與之俱死」，可謂至理名言。

戰國時名將吳起，常與士卒同衣食，臥不設席，行不乘騎，與士卒共勞苦。

卒中有人生疽症，吳起為他吮膿血，這個士卒的母親聽說後，大哭。

有人問她：「你的兒子是個小兵，然而將帥卻親自為他吮疽，你為何哭呢？」

母親說：「從前吳將軍曾為他的父親吮疽，他父親感念將軍恩德，作戰時死戰不退犧牲在沙場。現在將軍又為這孩子吮疽，我不知將來他死在何處啊！」

由於吳起體恤士卒，愛兵如子，所以他的部下都很愛戴他，很樂意跟隨他一起出征。

《孫子兵法》與商業——亨氏公司是員工的樂園

管理界有句名言：「愛你的員工吧，他會加倍愛你的企業。」用愛心對待員工，與員工像一家人一樣建立「感情維繫的紐帶」。實際證明，這樣的管理者被員工認為更有人情味，他們受到員工的愛戴，員工也樂意為他們打拚。

亨利·約翰·海因茨，是 H·J·亨氏公司的董事長，他是名副其實的「醬菜大王」，到一九○○年，亨氏公司的產品種類超過了兩百種，躍居美國大公司的行列。現在亨氏公司的分公司和工廠遍布世界各地，是一個年銷售額達幾十億美元的超級食品王國。那麼，海因茨是如何獲得成功，他又有什麼樣的經營祕訣呢？從下列故事中，或許我們能找到答案。

有一次海因茨去佛羅里達旅行。

大家對他說：「好好玩一玩，你太累了，一年到頭也難得輕鬆一回。」

不久，他就回來了。

「怎麼這麼早回來了？」

「你們都不在，沒有什麼意思。」他對大家說。

他指揮一些人在工廠中央安放了一個大玻璃箱，員工們納悶地過去看，原來裡面有一隻大傢伙，是短吻鱷，重達八百磅、身長十四點五英呎、年齡為一百五十歲。

「怎麼樣，這個傢伙看起來還好玩嗎？」

「好玩。」許多人都說從來就沒有看到過這麼大的短吻鱷。

海因茨笑呵呵地說：「這個傢伙是我佛羅里達之行最難忘的記憶，也令我興奮。請大家工作之餘一起與我分享快樂吧！」

原來，海因茨是為員工們買回來的。

應該說，海因茨在經營過程中有很多妙法，但建立一個融洽的勞資關係是他最重要的一個經營祕訣。他是個身材短小的傢伙，可員工們都認為他很高大，因為他總是與大家談笑風生，往來於他們之間。他還特別善於用自己的熱情來打動員工，使大家非常感動和振奮。

《孫子兵法》與處世——喬·吉拉德的推銷祕訣

亨氏公司的勞資關係被認為是全美工業的楷模，被譽為「員工的樂園」。

墨子說：「愛人者必見愛也，而惡人者必見惡也。」意思是說，愛別人的人一定會被別人愛，而憎恨別人的人也會被別人憎恨。正所謂「投我以桃，報之以李」，你怎樣對待別人，別人就會怎樣對待你，為人處世不可不知。

曾經有一次，一位中年婦女走進了喬·吉拉德所在的展銷室，她告訴喬·吉拉德，她想在這裡打發一會兒時間，因為她想買一輛白色的福特車，就像她姐開的那輛一樣，但對面福特車行的推銷員讓她過一個小時再去，所以她就先來這裡看看。閒談中，她還說這是她送給自己的生日禮物——今天她五十五歲生日。

「生日快樂！夫人。」喬·吉拉德一邊說，一邊請他隨便看看，接著他出去了一會兒，然後回來對她說：「夫人，您喜歡白色的車，既然您現在有時間，我給您介紹一下我們的雙門式轎車——也是白色的。」

他們正談著，女祕書走了進來，遞給喬·吉拉德一束玫瑰。他把花送給了那位女士：「祝您長壽，尊敬的夫人。」

她感動極了，眼眶都濕了。「已經很久沒有人給我送禮物了。」她說，「剛才那位福特推銷員一定是看我開了輛舊車，以為我買不起新車，我剛要看車他卻說要去收一筆款，於是我就上這裡來了。其實，我只是想買一輛白色的車而已，只不過我姐的車是福特的，所以我也想買福特。現在想想，不買福特車也可以。」

　　最後，她在喬‧吉拉德那裡買了一輛雪佛蘭，並填寫了一張全額支票。喬‧吉拉德從頭到尾都沒有勸她放棄福特買雪佛蘭，只是因為她在他那裡受到了重視，於是便放棄了原來的打算，轉而選擇了雪佛蘭。

　　喬‧吉拉德被譽為世界上最偉大的推銷員，他在十五年中賣出一萬三千零一輛汽車，並創下了一年賣出一千四百五十二輛（平均每天四輛）的記錄，這個成績被收入《金氏世界大全》。

第十一篇 九地篇

　　《九地篇》是接著《地形篇》對地理地形的討論與研究。這裡的「地」不僅指自然地理，還包括客觀環境條件。孫子說：「九地之變，屈伸之利，人情之理，不可不察也。」

　　因地制宜是用兵的基本原則，就地形地理而言，針對各種不同的地形地理，要採取各種不同的策略戰術。兵家必爭之地，就要不惜任何代價，搶先爭取，不爭必敗；兵家必棄之地，就要退避三舍，不棄則亡。

原文

　　孫子曰：凡用兵之法，有散地，有輕地，有爭地，有交地，有衢地，有重地，有圮地，有圍地，有死地。諸侯自戰其地者，為散地。入人之地而不深者，為輕地。我得則利，彼得亦利者，為爭地。我可以往，彼可以來者，為交地。諸侯之地三屬，先至而得天下之眾者，為衢地。入人之地深，背城邑多者，為重地。山林、險阻、沮澤，凡難行之道者，為圮地。所由入者隘，所從歸者迂，彼寡可以擊吾之眾者，為圍地。疾戰則存，不疾戰則亡者，為死地。是故散地則無戰，輕地則無止，爭地則無攻，交地則無絕，衢地則合交，重地則掠，圮地則行，圍地則謀，死地則戰。

　　古之善用兵者，能使敵人前後不相及，眾寡不相恃，貴賤不相救，上下不相收，卒離而不集，兵合而不齊。合於利而動，不合於利而止。敢問：「敵眾整而將來，待之若何？」曰：「先奪其所愛，則聽矣。」兵之情主速，乘人之不及，由不虞之道，攻其所不戒也。

　　凡為客之道：深入則專，主人不克；掠於饒野，三軍足食；謹養而勿勞，並氣積力；運兵計謀，為不可測。投之無所往，死且不北；死焉不得，士人盡力。兵士甚陷則不懼，無所往則固，入深則拘，不得已則鬥。是故其兵不修而戒，不求而得，不約而親，不令而信，禁祥去疑，至死無所之。吾士無餘財，非惡貨也；無餘命，非惡壽也。令發之日，士卒坐者涕沾襟，偃臥者涕交頤，投之無所往者，諸、劌之勇也。

故善用兵者，譬如率然；率然者，常山之蛇也。擊其首則尾至，擊其尾則首至，擊其中則首尾俱至。敢問：兵可使如率然乎？曰：可。夫吳人與越人相惡也，當其同舟濟而遇風，其相救也，如左右手。是故方馬埋輪，未足恃也；齊勇若一，政之道也；剛柔皆得，地之理也。故善用兵者，攜手若使一人，不得已也。

將軍之事，靜以幽，正以治。能愚士卒之耳目，使之無知。易其事，革其謀，使人無識；易其居，迂其途，使人不得慮。帥與之期，如登高而去其梯；帥與之深入諸侯之地，而發其機，若驅群羊，驅而往，驅而來，莫知所之。聚三軍之眾，投之於險，此將軍之事也。九地之變，屈伸之利，人情之理，不可不察也。

凡為客之道，深則專，淺則散。去國越境而師者，絕地也；四通者，衢地也；入深者，重地也；入淺者，輕地也；背固前隘者，圍地也；無所往者，死地也。是故散地，吾將一其志；輕地，吾將使之屬；爭地，吾將趨其後；交地，吾將謹其守；衢地，吾將固其結；重地，吾將繼其食；圮地，吾將進其途；圍地，吾將塞其闕；死地，吾將示之以不活。故兵之情：圍則御，不得已則鬥，過則從。

是故，不知諸侯之謀者，不能預交；不知山林、險阻、沮澤之形者，不能行軍；不用鄉導者，不能得地利。

四五者，一不知，非霸王之兵也。夫霸王之兵，伐大國，則其眾不得聚；威加於敵，則其交不得合。是故，不爭天下之交，不養天下之權，信己之私，威加於敵，故其城可拔，其國可隳。施無法之賞，懸無政之令，犯三軍之眾，若使一人。犯之以事，勿告以言；犯之以利，勿告以害。投之亡地然後存，陷之死地然後生。夫眾陷於害，然後能為勝敗。

故為兵之事，在順詳敵之意，並敵一向，千里殺將，此謂巧能成事者也。

是故，政舉之日，夷關折符，無通其使；勵於廊廟之上，以誅其事。敵人開闔，必亟入之。先其所愛，微與之期。踐墨隨敵，以決戰事。是故，始如處女，敵人開戶；後如脫兔，敵不及拒。

譯文

孫子說：按照一般戰爭的法則，戰場地形地理位置可分為：「散地」、「輕地」、「爭地」、「交地」、「衢地」、「重地」、「圮地」、「圍地」、「死地」。戰爭發生在本國境內的地區，叫做「散地」。進入敵國境內但沒有深入的地區，叫做「輕地」。我軍得到有利，敵軍得到也有利的地區，叫做「爭地」。我軍可以去，敵軍可以來的地區，叫做「交地」。處在幾國交界，先到達可以結交周圍諸侯，能取得多方援助的地區，叫做「衢地」。深入敵境，背後有很多敵人城邑的地區，叫做「重地」。山林、險阻、沼澤等難於行走的地區，叫做「圮地」。地方道路繞遠迂迴，敵軍用少數兵力就可以攻擊我多數兵力的地區，叫做「圍地」。奮勇作戰就能生存，不奮勇作戰可能全軍覆沒的地區，叫做「死地」。因此，在「散地」上，不宜作戰；在「輕地」上，不宜停留；在「爭地」，不宜進攻；在「交地」，應使隊伍相連，不要失去聯絡；到了「衢地」，就要加強外交活動，結交周圍的諸侯，取得他們的支持；深入「重地」就要掠取糧食，取得軍需物品；遇到「圮地」就要迅速透過；陷入「圍地」就要運用計謀，千方百計突圍；到了「死地」，就要奮勇作戰，死裡求生。

古代善於指揮作戰的將領，能使敵人的前後部隊失去聯繫，從而不能相互呼應，主力部隊和小股部隊不能相互依靠，官兵不能相互救應，上下級之間失去聯絡不能協調，兵卒散亂集合不起來，隊伍雖然集合起來卻不整齊。能造成有利於我的局面就打，不能造成有利於我的局面就停止行動。如果問：「敵軍眾多而且陣容齊整地向我軍進攻，那該怎樣去對付呢？」回答是：「搶先奪取敵人最關鍵最有利的地方和東西，就能使他陷入被動局面，從而使敵人不得不聽從我軍的擺布。」用兵要求迅速，乘敵人措手不及的時機，走敵人意料不到的道路，攻擊敵人沒有防備的地方。

進入敵國境內作戰的戰爭規律一般是：當我軍深入敵方的國境，就會軍心一致，精誠團結，使敵軍不能抵抗；我軍在富饒的田野上掠奪糧草，使全軍得到足夠的給養；同時要注意休整，保養士兵的體力，不使自己的士兵過於疲勞，要凝聚他們的士氣，積蓄力量；部署兵務，巧設計謀，使敵人不能猜測到我軍的動向和意圖，而感到高深莫測。把自己的部隊投入無路可走的

絕境，士兵們就會拚死往前衝鋒寧死不退。既然士兵只能拚死才能求生存，又哪有不打勝仗的道理？那樣，全軍上下必將竭盡全力與敵人作戰。兵卒深陷絕境，反而不會恐懼；無路可走，軍心反而能鞏固。深入敵國，我軍士兵行動就不敢輕易散漫；迫不得已的情況下，也只好堅決戰鬥了。因此處在這種情況的軍隊不用等待修整卻懂得加強戒備；無需強求，就能完成自己的任務；不用約束，都能團結一致，親密協作；不用三令五申，也都會遵守紀律。在軍隊中禁止吉凶占卜，以免引起不祥的情緒，出現不吉的預兆，消除部下士兵的疑惑，讓他們直至戰死也沒有什麼可怨恨的。我軍士兵沒有多餘的錢財，不是士兵們都不愛財物；我軍沒有貪生怕死的人，不是士兵們都不想長壽。當發布出征命令的日子，士兵們坐著的淚濕衣襟，躺著的淚流滿面。把他們推向除了向前拚命再也無路可走的地步，就會有像專諸和曹劌一樣的勇氣了。

因此，善於統帥軍隊的將領，能使部隊像「率然」那樣。「率然」是常山的靈蛇。這種蛇，當你打牠的頭時，牠的尾就來救應，打牠的尾，牠的頭就來救應，打牠的腰，牠的頭尾都來救應。請問：「可以使軍隊像『率然』蛇一樣嗎？」回答說：「可以。」當時吳國人和越國人本來是相互仇恨的，可是當他們同舟共濟過河遇到大風暴時，他們互相救援就像一個人的左右手那樣。因此要用捆綁馬匹、深埋車輪的方法，來防止士卒逃亡，這種方法是靠不住的。使部隊全體士兵同心協力一起奮勇作戰，是治理軍隊應遵循的原則。要使強弱不同的士卒都能充分發揮作用，就要依靠有利的地形，發揮地形的有利作用。因此善於用兵的將帥，總是能使全軍攜起手來團結得像一個人一樣，這是因為戰爭使他不得不這樣啊！

將帥用兵，要做到冷靜而沉穩，幽深莫測，端莊穩重，嚴正而有條理。要能夠矇蔽士卒的耳目，使他們對軍事行動一無所知。經常變換作戰部署，更新計謀，使人無法識破。駐軍常換地方，行軍常繞彎路，使人不能推測自己的意圖。授與屬下戰鬥任務，要像使其登高然後抽掉梯子一樣，只能向前，不能後退。統率軍隊深入敵境，就像扣動弩機放箭一樣，使他們勇往直前。指揮士兵就像驅趕羊群一樣，把他們趕過去，趕過來，而不讓他們知道究竟要往哪裡去。集中全部兵力，把他們投入危亡的境地，迫使他們拚命的去戰

鬥，這就是將領應該做的事。對於九種地形的變化處置，攻防進退的利害得失，將士們的心理情感的變化規律，將帥們都是必須要進行認真研究、考察的。

在敵國境內作戰的一般規律是，越是深入敵國腹地，全軍的意志便越是專心一志，進入敵國越淺，軍心越容易渙散。離開本國穿越敵境作戰的地區，叫「絕地」；四通八達的地區，叫「衢地」；深入敵國的地區，叫「重地」；進入敵境較近的地區，叫「輕地」；後有險阻前面有隘的地區，叫「圍地」；無處可走的地區，叫「死地」。因此，在「散地」，我們就要統一部隊的意志；進入「輕地」，我們就要使陣營緊密相聯；進「爭地」，要使後續部隊迅速跟進；過「交地」，要謹慎嚴密防守；在「衢地」，要鞏固與臨國的結盟；在「重地」，要保證糧草不斷；在「圮地」，要加快速度透過；在「圍地」，就要堵塞缺口；在「死地」，就要表現出與敵死戰到底的決心。因為，將士的心理是，陷入了包圍，便會奮力抵抗；迫不得已的情況下，便會拼死奮爭，深陷絕境，就會聽從指揮。

因此不了解各國的意圖，就不能與其結交；不熟悉山林、險阻、沼澤地形的特點，就不能用兵作戰；沒有當地人做嚮導，就不能得地利。以上各點中有一項不了解，就不能算是強大的軍隊。真正強大的軍隊，進攻大國，能使敵人軍民來不及召集；兵威加於敵人，就能使他的盟國不敢與他聯合。所以，不爭著和任何國家結交，不隨便培養任何國家的權威。相信自己的力量，把兵威指向敵人，就能攻取城邑，摧毀他們的國家。

施行沒有常規的獎賞，執行不用規定的號令，使用三軍的將士，就像使用一個人一樣。賦予下級任務，不必說明全部計畫；讓他執行危險任務時只告訴他們有利的條件，而不告訴他們不利的條件。把軍隊投入亡地然後有可能轉危為安，陷入死地，而後才有可能起死回生。這是因為軍隊陷入危險的境地，然後才能奮戰取勝。

所以指導戰爭的原則，在於仔細了解敵人的策略意圖，然後集中兵力，攻其要害。這樣就能長驅千里而擒殺其將，這就是說，巧妙地運用計謀就可以克敵制勝。

當決定對敵作戰的時候，就要封鎖關卡，廢除通行憑證，不許敵國使者往來，在朝廷裡召集最高軍事會議，反覆研究、制定作戰計畫。發現敵人有隙可乘，一定要迅速乘虛而入。首先奪取其策略要地，伺機與敵決戰。破除陣規，一切根據敵情變化，靈活決定自己的作戰計畫和行動。作戰開始前要像處女那樣嫻靜，誘使敵不加防備；一旦發動起來就要像逃脫的兔子一樣迅速，使敵人措手不及，來不及抵擋。

闡釋

本篇名為《九地篇》。《九地篇》是接著《地形篇》對地形地理的討論和研究。孫子說：「九地之變，屈伸之利，人情之理，不可不察也。」

孫子開篇便闡述了九種不同的地理環境：「散」、「輕」、「爭」、「交」、「衢」、「重」、「圮」、「圍」、「死」。並且根據這九種不同的地形，指出了不同的作戰方案與注意事項：散地不宜作戰、衢地應結交諸侯、圍地應設謀略、死地應背水一戰等。

本篇中還指出了一些重要的作戰方針。如：

「兵之情主速」。這就是俗話所說的「兵貴神速」。在戰爭中快速突襲，走敵人意想不到的道路，敵人還沒有進行防備，就發起攻擊，往往能克敵制勝。

「並敵一向，殺敵千里」，是說假裝順從敵人的意圖，一旦有機會就集中兵力大敗敵人，擒殺敵將。但把握時機，抓住突破口是關鍵，正如孫子所說：「巧能成事」。

「陷之死地而後生」。戰爭不僅是力的較量，也是智謀的較量，是意志和決心的較量。在一定的條件下，意志和決心所發揮出的能量，可以改變整個戰場的局勢。在九死一生的被動情況下，利用全軍將士求生的心理，引發全軍將士決一死戰的勇氣，反敗為勝，這就是孫子所說的「陷之死地而後生」。

總之，本篇的內容頗多，計謀也頗為廣泛，需要細細品味。

活學活用

▍《九地篇》之一——衢地要衝，兵家必爭

諸侯之地三屬，

先至而得天下之眾者，

為衢地。

衢地，吾將因其結。

《孫子兵法》與軍事——馬謖失街亭

所謂「衢地」，乃敵我與第三國的交界之處，臨敵軍，附臨國，占據了它，就掌握了主動權，故為兵家必爭之地。

中國歷史上有一著名戰例——「街亭之戰」。街亭是漢中的咽喉，街亭一失，西蜀軍隊的後勤供應就會被司馬懿掐斷，魏軍還會威脅隴西一帶。諸葛亮錯用華而不實的馬謖，不但被司馬懿奪去街亭，連自己性命也險些不保，不得不演了一齣「空城計」。

街亭的地理位置很重要，它是通往漢中的咽喉，是西蜀軍隊後勤供應的必經之處；同時，街亭還是蜀國隴西地區的天然屏障。

正因為此，在三國時期的街亭之戰中，蜀、魏雙方都在極力爭奪。

街亭之戰發生在司馬懿進攻祁山之後。司馬懿奉魏帝曹叡命令率領二十萬大軍直奔祁山而來。此時，諸葛亮正在祁山駐兵，聽到魏軍殺來，便召集將領商議戰事。

諸葛亮知道司馬懿也是工於心計之人，必定要奪取街亭這一要地，便決定挑選良將把守。就在他「誰能引兵擔此重任」的話語一出，便見參軍馬謖從眾將中閃露出來，說願領兵前往。諸葛亮見是馬謖，心中便有些疑慮和猶豫，因為他早就聽劉備在生前說過馬謖此人言過其實，不可重用。不過，儘管他心中這樣想，嘴上還是說：「從表面上看，街亭雖然是個小地方，但它

的地理位置很重要，關係到我軍的安危利害。且街亭既沒有城牆，又沒有險要之處，因此不易把守，如一旦丟失，我軍處境就困難了。」馬謖見諸葛亮話中略帶輕視，便不以為然地說：「我自幼熟讀各類兵書，區區一個街亭，我還能守不住嗎？如果丞相信不過我，我願意在此立下軍令狀，如有什麼閃失的話，我以全家的性命作為擔保！」

諸葛亮見馬謖胸有成竹，便讓他寫下了軍令狀，撥給他二萬五千萬精兵去把守街亭。為防不測，諸葛亮又派了王平和高翔輔助馬稷，並再三交代要他們占領住街亭要道，以免魏軍踰越。來到街亭後，馬謖和王平首先察看了地形。五路總口地處街亭要道，把守著街亭大門，王平認為在此駐紮比較好，但馬謖一意孤行，執意要在路旁的小山上駐紮。理由是兵書上說居高臨下可勢如破竹，定會殺得魏軍片甲不留。王平勸說不動馬謖，無奈，只好到山的西邊另擇一處駐紮。

當司馬懿來到街亭後，看到守護大將竟是馬謖，且蜀軍兵營駐紮在山上，他便仰天長笑說：「諸葛亮聰明一世，糊塗一時，怎麼能用馬謖這樣的庸才呢，真是老天有眼啊！」他一面派大將張郃擋住王平對馬謖的增援，一面又派兵將小山層層包圍，斷絕了山上的飲水，然後嚴陣以待。

蜀軍將士此時看到漫山遍野都是魏軍，便開始驚慌起來，不幾日，山上飲水全無，士兵更加惶恐。司馬懿趁機放火燒山，蜀軍一片大亂，馬謖拚死殺出一條血路才得以逃脫。

街亭一失，魏軍長驅直入，連諸葛亮也來不及後撤，被迫演了一場「空城計」。

《孫子兵法》與商業——茅台酒香溢萬國博覽會

在現代商戰中，形形色色的「商品交易會」、「博覽會」、「展銷會」，不時在世界各地隆重舉行。會議的所在地，便成了企業家們商戰中的「衢地」，誰在會上出盡風頭，誰就是勝者。

一九一五年，巴拿馬萬國博覽會，人潮洶湧。

　　但是，在中國展室駐足的人卻不多——也難怪，在那個時代，在西方人眼中，中國不過是個「東亞病夫」，能有什麼可以「博覽」的呢！

　　一連幾天過去，情況都無甚改變。

　　中國商人們都在暗暗叫苦，特別是來自貴州的那位穿著長馬褂、頭戴圓帽的商人——他是來萬國博覽會展銷茅台酒的，更是焦急無比——幾天來，那些紅眼珠、藍眼珠的外國人連看都不願意看他的「茅台」一眼，也許是它的包裝過於古樸？也許是外國人對它一無所知？也許是外國人心有成見？貴州商人在苦苦思索著……

　　茅台酒是產於貴州省仁懷縣茅台鎮的一種烈性白酒，造酒用的水取自流經茅台鎮的茅台河，茅台河水無色、無味、微甜爽口，用它釀出的茅台酒純淨透明、香味濃郁，在中國久享盛名。

　　又一群外國人從鄰近的展室湧了出來。

　　貴州商人靈機一動，捧起一瓶酒，故作失手，「哎呀！」一聲驚叫，「茅台」墜落在地，陶瓷酒瓶摔碎了。

　　剎時，一股特殊的芳香悠悠飄起，散向四周……

　　「好香！」

　　「妙極了！什麼酒？」

　　「從來沒想到這裡有這樣好的酒！」

　　在一片驚異的讚歎聲中，外國酒商們也紛紛湧來。

　　儘管被打碎的陶瓷酒瓶很快被收拾起來，儘管地面很快就被擦乾了，但是，數天過去，中國展室內外依然酒香不絕，醉人心脾。中國茅台酒一鳴驚人，從此走向了世界。

《孫子兵法》與處世——賣水賺錢的亞默爾

羅丹說：「生活並不是缺少美，而是缺少發現美的眼睛。」同樣，生活並不是缺少機遇，而是缺少捕捉機遇的能力。機遇，應該是我們必爭的「衢地」，誰能把握住機遇，誰就會受到幸運女神的垂青。

十九世紀中期，美國加州傳來發現金礦的消息。許多人認為這是一個千載難逢的發財機會，紛紛奔赴加州。十七歲的小農夫亞默爾也加入了這支龐大的淘金隊伍，他同大家一樣，歷盡千辛萬苦，趕到了加州。

淘金夢是美麗的，做這種夢的人也很多，而且還有越來越多的人蜂擁而至，一時間加州遍地都是淘金者，金子自然也越來越難淘。不但金子難淘，而且生活也越來越艱苦。當地氣候乾燥，水源奇缺，很多不幸的淘金者不但沒有圓致富夢，反而身染重病喪生此處。小亞默爾雖然很努力，也和大多數人一樣，不但沒有發現黃金，反而被饑渴折磨得半死。一天，望著水袋中僅剩下的一點點捨不得喝的水，聽著周圍人對缺水的抱怨，亞默爾突發奇想：淘金的希望太渺茫了，還不如賣水呢！於是亞默爾毅然放棄尋找金礦的念頭，將手中挖金礦的工具變成挖水渠的工具，從遠方將河水引入水池，用細沙過濾，成為清涼可口的飲用水。然後將水裝進桶裡，挑到山谷一壺一壺地賣給找金礦的人。

當時有人嘲笑亞默爾，說他胸無大志：「千辛萬苦地趕到加州來，不挖金子發大財，卻做起這種蠅頭小利的小買賣，這種生意哪裡不能做，何必跑到這裡來？」

而在年輕的亞默爾眼裡，在此地賣水不會亞於淘金子，因為哪裡有這樣好的買賣，把幾乎無成本的水賣出去，哪裡有這樣好的市場？亞默爾毫不在意，繼續賣他的水。

結果，除了少數幾個幸運者之外，大多數淘金者都空手而歸，而亞默爾卻在很短的時間靠賣水賺到六千美元，這在當時可是一筆非常可觀的財富。

「兵貴神速」。在戰爭中快速突襲，走敵人意想不到的道路，趁敵人還沒有進行防備，就發起攻擊，往往能克敵制勝。

▌《九地篇》之二——兵之情主速，乘人之不及

兵之情主速，

乘人之不及，

由不虞之道，

攻其所不戒也。

《孫子兵法》與軍事——司馬懿斬殺孟達

「兵之情主速，乘人之不及，由不虞之道，攻其所不戒也。」這就是俗話所說的「兵貴神速」。在戰爭中快速突襲，走敵人意想不到的道路，乘敵人還沒有進行防備，就發起攻擊，往往能克敵制勝。

三國魏明帝太和元年，投降魏國、任新城太守的蜀將孟達又暗地聯合吳、蜀，準備謀反。屯軍於宛城的司馬懿得知消息，準備征討。

宛城距洛陽約八百里，往返需半個月；宛城距孟達起事地上庸城一千兩百里，也要走十多天。當時，魏軍的兵力是孟達的四倍，但魏軍的糧食不夠吃一個月，孟達的糧食卻足以支持一年。

按慣例，司馬懿出兵需要先上報洛陽魏主，接到旨意後才能行動。如果這樣，魏軍只有在孟達起事後一個月才能趕到上庸，那時面臨的情況將是魏軍糧草用盡，而孟達則做好了充分準備。時間成了雙方爭取主動的關鍵。

司馬懿當機立斷，一面寫信安撫孟達，一面上報魏主，同時暗中率軍向上庸疾進。魏軍晝夜兼程，僅用八天時間就兵臨上庸城下。孟達聞知，驚訝不已：「我舉事之日，而兵至城下，何其速也！」

魏軍不失時機地發起強大攻勢，孟達因準備不足，工事未固，軍心動搖。部將鄧賢、李輔開門投降，魏軍乘勢殺入城中，斬殺孟達，俘虜萬餘。

此戰，司馬懿抓住戰機，火速出擊，贏得了時間，從而贏得主動和勝利。

《孫子兵法》與商業──光大實業公司以速獲利

在商業競爭中，同樣可以按照《孫子兵法》「兵之情主速」的思想快速行動：一旦發現新的技術就要搶先研究，快速開發出新產品，在對手還沒有注意的情況下搶先進軍市場；政府一旦公布新的政策，市場有一種新的需求，就要迅速轉產新的產品，趁對手還沒反應過來的時候搶先供應消費者。商業競爭中的快速行動，往往能夠獨占市場，取得巨大的經濟效益。

一九八三年，中國光大實業公司高層從多種渠道獲取了一個重要的訊息：在南美的智利，有一家銅礦即將倒閉，礦主在企業倒閉前訂購了美國「道濟」、西德「賓士」牌各種型號的大噸位載重車、翻斗車共計一千五百輛，全是新車。但是，這些車剛購進，礦山便倒閉了。為了償還債務，礦主決定將這批新車折價拍賣。

光大公司快速反應，迅速派出驗車小組調查這批車輛的質量，另一邊又迅速向國內汽車專家諮詢，走訪汽車製造單位的行家──西德賓士公司出口服務部駐京代表，徵求國內工礦、交通、商貿等急需大噸位運輸車用戶的意見，取得有關部門的具體幫助。公司高層在本人不能前往的情況下，把拍板成交的大權交給赴現場驗貨的採購人員：「只要質量好，價錢便宜，你們說了算。」

由有關技術專家組成的採購小組乘機直抵智利，對所有汽車進行了現場驗貨。在確認了質量後，經過一番緊張的價格磋商，以原價百分之三十八的價格買下了這批汽車。

《孫子兵法》與處世──敢於決斷的斯太菲克

光大實業公司以「兵之情主速」的策略思想為指導，捷足先登，在這筆交易中，共節省兩千五百萬美元的外匯，公司實力因而也進一步壯大了。

很多人之所以一事無成，最大的毛病就是缺乏敢於決斷的勇氣，總是左顧右盼、思前想後，從而錯失良機。成大事者在看到事情成功的可能性之後，敢於做出重大決策，因而占得先機。

士兵斯太菲克二戰後在美國伊利諾伊州亨斯城退役軍人管理醫院療養。在逐漸康復期間，他想到了一個主意。斯太菲克知道：許多洗衣店都把剛熨好的襯衫折疊在一塊硬紙板上，以保持襯衫的硬度，避免皺褶。他給洗衣店寫了幾封信。獲悉這種襯衫紙板每千張要花費四美元。他的想法是：「以每千張一美元的價格出售這些紙板；並在每張紙板上登上一則廣告，登廣告的人當然要付廣告費，這樣他就可以從中得到一筆收入。

斯太菲克有了這個想法，就設法去實現它。出院後，他很快見於行動！由於他在廣告領域中是個新手，他遇到了一些問題。雖然別人說「嘗試發現錯誤」，但斯太菲克相信「嘗試導致成功」，他最終取得了成功。後來他決定提高服務效率，增加業務。他發現襯衫紙板一旦從襯衫上被撤除之後，就不會為洗衣店的顧客所保留。於是，他給自己提出這樣一個問題：「怎樣才能使許多家庭保留這種登有廣告的襯衫紙板呢？」解決的方法展現於他的心中了。他在襯衫紙板的一面，繼續印一則黑白或彩色廣告。在另一面，他增加了一些新的東西——一個有趣的兒童遊戲，一個供主婦用的家用食譜，或者一個引人入勝的故事。

有一次，一位男子抱怨他的一張洗衣店的清單突然莫名其妙地不見了。後來，他發現他的妻子把它連同一些襯衫都送到洗衣店去了，而這些襯衫他本來還可以再穿幾天。他的妻子這樣做僅僅是為了多得到一些斯太菲克的菜單！但是斯太菲克並沒有就此停滯不前。他野心勃勃，他要更進一步擴大業務。他又向自己提出一個問題：「如何擴大？」找到的答案是：斯太菲克把他從各洗染店所收到的出售襯衫紙板的收入全部捐贈給了美國洗染學會。該學會則以建議每個成員應當讓自己以及他的同行購用斯太菲克的襯衫紙板作為回報。這樣，斯太菲克獲得了更大的成功。

戰爭不僅是力的較量，也是智謀的較量，是意志和決心的較量。在一定的條件下，意志和決心所發揮出的能量，可以改變整個戰場的局勢。

▎《九地篇》之三——陷之死地然後生

投之亡地然後存，

陷之死地然後生。

夫眾陷於害，

然後能為勝敗。

《孫子兵法》與軍事——項羽破釜沉舟敗章邯

戰爭不僅是力的較量，也是智謀的較量，是意志和決心的較量。在一定的條件下，意志和決心所發揮出的能量，可以改變整個戰場的局勢。在九死一生的被動情況下，利用全軍將士求生的心理，喚發全軍將士決一死戰的勇氣，反敗為勝，這就是孫子所說的「陷之死地然後生」。

秦朝末年，秦二世胡亥派大將章邯統率大軍擊敗了陳勝、吳廣的起義軍，然後又北渡黃河，進攻趙國，將趙王歇包圍在鉅鹿。趙王歇慌忙向楚國求援，楚懷王派宋義為上將軍、項羽為次將、范增為末將，統率大軍援救趙國。

宋義知道章邯是驍勇善戰的猛將，不敢與章邯交戰。援軍到達安陽後，宋義按兵不動，一住就是四十六天。項羽對宋義說：「援兵如救火，我們再不出兵，趙國就要被章邯滅掉了！」宋義根本不把項羽放在眼裡，對項羽說：「衝鋒陷陣，我不如你；運籌帷幄，你就不如我了。」並且傳下命令：「如有輕舉妄動，不服從命令者，一律斬首！」項羽忍無可忍，拔劍斬殺了宋義，自己代理上將軍，並命令黥布和蒲將軍率兩萬人馬渡過漳河援救趙國。

黥布和蒲將軍成功地截斷了秦軍糧道，但卻無力解趙王歇鉅鹿之圍，趙王歇再次派人向項羽求救。項羽親率全軍渡過漳河，到達北岸後，項羽突然下令：將渡船全部鑿沉，將飯鍋全部打碎，將營房全部燒毀，每個人只帶三天的乾糧。將士們懼怕項羽的威嚴，誰也不敢多問。項羽對將士們說：「我們此次進軍，只能前進，不能後退，後退就是死路一條！」將士們眼見一點退路也沒有，人人抱著血戰到底的決心與秦軍拚殺。結果，項羽率楚軍以一當十，九戰九捷，章邯的部將蘇甫被殺，王離被俘，涉間自焚而亡，章邯狼狽逃走，鉅鹿之圍遂解。

　　鉅鹿之戰打出了楚軍的威風。從此以後，項羽一步步登上了權力的最高峰，成為了名揚天下的「西楚霸王」。

《孫子兵法》與商業——倒金字塔管理

　　在市場競爭中，「圍地則謀，死地則戰」同樣具有廣泛的意義。一個企業，特別是中、小型企業，在企業經濟和技術實力都不足以與同行競爭的情況下，就應避免與對方正面交戰，並另闢蹊徑，爭取轉機。當一個企業瀕臨破產的「死地」時，應激發全體員工的鬥志，眾志成城，共渡難關。

　　「倒金字塔」管理法最早誕生於瑞典的SAS公司，也就是北歐航空公司。這個航空公司當時負債累累，一個叫楊‧卡爾森的瑞典人受命於危難之中。三個月以後，卡爾森腦子裡形成了一個計畫，他宣布：為了使SAS公司扭轉目前的虧損局面，公司必須實行一種新的管理方法。他給它取名叫「Pyramid Upside Down」，我們簡稱「倒金字塔」管理法。

　　一般的企業都是按「正金字塔」的模式進行管理的，最上面這一層是總經理，或者是決策者，中間這一層是中層管理者，最下面這一層是一線人員，或者稱為政策的執行者。上面是決定政策的人，下面是執行政策的人，概念很清楚，現在很多企業採用的都是這種管理方法。那麼當時卡爾森為什麼決定把這個顛倒過來呢？因為他發現要把公司經營好關鍵在於員工，他認為，一個企業能不能經營好，員工是最重要的。卡爾森在這個「倒金字塔」管理架構的最下面，他給自己命名為政策的監督者，他認為公司的總目標一旦制定出來，總經理的任務就是監督、執行政策，達到這個目標。「倒金字塔」的中層管理人員不變，最上面這一層是一線工作人員，卡爾森稱他們為現場決策者。

　　「倒金字塔」管理法的總的含義是「給予一些人以承擔責任的自由，可以釋放出隱藏在他們體內的能量。」那麼這種管理方法出現了什麼效果呢？SAS公司採用這種方法三個月之後，公司的風氣就開始轉變，他開始讓員工感覺到：「我是現場決策者，我可以對我分內負責的事情做出決定，有些決

定可以不必報告上司。」把權力、責任同時下放到員工身上，而卡爾森作為政策的監督者，他負責對整體進行觀察、監督、推進。

有個美國商人叫佩提，這一天他接到通知要搭飛機從斯德哥爾摩到巴黎參加地區會議。瑞典的國際機場即阿蘭達機場距離斯德哥爾摩市七十公里，當佩提先生到達機場後，一摸口袋，突然發現沒帶飛機票。正在這個時候，SAS 公司的一位小姐款款走來問要不要幫助，佩提顯得很不耐煩地說：「你幫不了。」可是小姐還是微笑著說：「您說出來或許我能幫助你。」佩提說他沒帶飛機票，沒想到小姐說：「您沒帶飛機票呀，這事很好辦，您先告訴我您的機票在哪裡？」

他說在 ×× 飯店 922 號房間，小姐給了他一張紙條，讓他拿著先去辦登機手續，剩下的事情由她來處理。佩提先生到了登機的地方很順利就辦好了手續，拿到了登機卡，過了安檢，到了候機廳。當飛機還有十分鐘就要起飛的時候，剛才那位小姐把他的機票交給了他，佩提先生一看果然是自己掉在飯店的機票。那麼小姐是怎麼把機票拿到的呢？她撥通了飯店的電話後是這樣說的：「請問是 ×× 飯店吧，請你們到 922 號房間看看是否有一張寫著佩提先生名字的飛機票？如果有的話，請你們用最快的速度用專車送往阿蘭達機場，一切費用由 SAS 公司支付。」是什麼力量使她這樣做呢？就是「倒金字塔」管理法，因為卡爾森把權力充分地賦予了一線工作人員。結果不久之後那位熱情的小姐被提拔為市場部經理，而佩提先生則到處在給 SAS 公司做活廣告。

在楊·卡爾森採用了這種新的管理方法的一年之後，北歐航空公司盈利五千四百萬美元。這個奇蹟在歐洲、美洲等地廣為傳頌。同時「倒金字塔管理法」也在世界管理領域引起轟動，給管理者們提出了更加科學的管理思路。

《孫子兵法》與處世——歐陽德平的傳奇經歷

處於「死地」時，痛苦和絕望會慢慢滋長，人越是拒絕接受，越會沉浸其中，既然無法擺脫，倒不如勇敢地接受。正如美國著名的心理學家洛克所

說：「當你面對無法避免的打擊與挫折時，唯一也是最好的方法就是——接受它。」

歐陽德平剛剛兩歲時，左腿就因病致殘。祖父憂心忡忡地抱著小德平，天天都在哀嘆：「長大了，這孩子靠什麼生活？」

歐陽德平十五歲就告別了學校，一步一搖地走進了一家服裝店，當了一名學徒。出師那天，師傅拍著他的肩膀說：「憑你這雙巧手，掛牌開個店，窮不了。」

他並沒有急於開店，先後走進幾家服裝企業當設計師，繼續學習和鍛鍊。當他的「歐陽德平服裝店」開張之後，師傅的話兌現了，僅僅過去幾年，他就蓋起了一棟公寓，還娶了老婆。

正在這時，一件偶然的事情改變了歐陽德平的人生之路。

歐陽德平生活在湖北省天門市車灣村。村裡有一個有十五名職員的人造皮革手套廠。由於經營不善，已累計虧損兩萬多元，工資發不出去，四十平方米的廠房破爛不堪，十二台縫紉機快生鏽了。村黨支部書記找到歐陽德平，請他幫忙辦好這個工廠。

到這樣的工廠去，這意味著拋棄自己的「小康」之家，與手套廠、全村共患難。但歐陽德平立即答應了，連一點點附加條件也沒提，從此，他就走進了手套廠。

進廠後，他的職務是特派技術員。他想的第一件事是給工廠找個出路，讓大家早日致富。經過調查了解，歐陽德平拿出了自己的建議：人造皮革貨不適合，最好轉生產服裝。一九八二年七月，湖北天門東方紅服裝廠誕生了。有人勸他說：「中國服裝廠家多達上萬，你腿腳不便，訊息不靈通，搞不好就會身敗名裂。」

歐陽德平激憤地說：「瘸子也是人，豁出去也要闖一番事業！」

歐陽德平決心開發新產品，但苦苦思索仍然沒個眉目。他到電影院看了一場《追捕》，影片主角杜丘的服飾引起了他的遐思。散場了，他趕緊又買

了幾張票，連續看了好幾場。回家後，熬了個通宵，設計出一種新穎別緻的燈芯絨「杜丘服」夾克。適逢武漢舉辦服裝等產品展銷會，歐陽德平帶著他的樣品在展銷會上一露面，頗有見地的客商們就紛紛圍上來，詢問、洽談、訂貨，十萬、一百萬、兩百萬……

一夜之間，企業起死回生。新廠房蓋起來了，兩百多名新職員招進來了。此後，歐陽德平又相繼推出「瓦爾特衫」、「光夫衫」、「幸子服」……

一九八四年，歐陽德平當上了廠長，這年他只有二十五歲。

一九五四年，工廠工業產值達五百多萬元，一九八八年達到一千多萬元。歐陽德平還果斷地引進外國先進設備，使企業效益大大提高，產品遠銷美國、日本、香港等國家和地區。一九八八年，歐陽德平榮膺中國優秀青年企業家稱號。

第十二篇 火攻篇

　　孫子是將「火攻」寫入兵法的第一人。他指出「火攻有五」：火燒敵軍，火燒糧草，火燒敵人的輜重，火燒敵人的倉庫，火燒敵人的運輸設施、糧道。這是火攻的種類。孫子還提到了火攻的條件，即「行火必有因」，需要準備器具，還要依據天氣徵候等。

　　要實施「火攻」，需要準備器具，還要依據天氣徵候等。孫子利用他通曉的天文知識，強調「火攻」需「有日」、「有時」。

原文

　　孫子曰：凡火攻有五：一曰火人，二曰火積，三曰火輜，四曰火庫，五曰火隊。

　　行火必有因，因必素具。發火有時，起火有日。時者，天之燥也；日者，月在箕、壁、翼、軫也。凡此四宿者，風起之日也。

　　凡火攻，必因五火之變而應之。火發於內，則早應之於外。火發而其兵者，待而勿攻，極其火力，可從而從之，不可從而止。火可發於外，無待於內，以時發之。火發上風，無攻下風。晝風久，夜風止。凡軍必知有五火之變，以數守之。

　　故以火佐攻者明，以水佐攻者強。水可以絕，不可以奪。

　　夫戰勝攻取，而不修其功者，凶，命曰費留。故曰：明主慮之，良將修之。非利不動，非得不用，非危不戰。主不可以怒而興軍，將不可以慍而致戰。合於利而動，不合於利而止。怒可以復喜，慍可以復悅，亡國不可以復存，死者不可以復生。故明主慎之，良將警之，此安國全軍之道也。

譯文

孫子說：火攻的方法一般有五種：一是火燒敵軍人馬，二是火燒敵軍儲備的糧草，三是火燒敵軍輜重，四是火燒敵軍倉庫，五是火燒敵軍的通道與運輸設施。

實施火攻必須具備一定的條件，火攻的器材必須事先準備就緒。放火要看準天時，起火要選好有利日子。火攻的天時，是指氣候乾燥；火攻的時間，是月亮行經箕、壁、翼、軫四個星宿的時候，凡是月亮經過四個星宿的時候，就是容易起風的日子。

凡是用火攻敵，都必然根據以上五種情況所引起的不同變化，靈活運用兵力策應。如果從敵營內部放火，就應該及早派兵從外部策應攻擊。如果敵營內已經起火，但敵軍仍然保持鎮靜時，再根據情況決策，可以進攻就發動進攻，不可以進攻就停止進攻。也可以從敵營外部放火，這樣就不必等待有人從內部接應，只要時機適合就可以放火攻擊。火攻應從上風處發起，不能從下風處進攻敵人。白天風颳得很久，到夜晚風就會停止。凡是領兵打仗必須懂得五種火攻形式的變化，並根據天時氣候變化的規律，等待火攻的時機。

用火攻輔助軍隊進攻，效果十分顯著，用水攻輔助軍隊進攻，可以大大加強攻勢。水攻可以隔斷敵軍的陣形、聯繫和運輸，但不能像火攻那樣毀滅敵軍的兵馬和軍需。

打了勝仗、占領了敵人的陣地，卻不能鞏固勝利果實，是很危險的，這就叫做「費留」（耗費國家人力物力，使軍隊久留在外）。所以說，明智的國君應該慎重考慮這一問題，賢良的將帥要認真處理這一問題。沒有好處就不要採取行動，沒有必勝的把握就不要用兵，不是到了不得已的危急關頭就不要開戰。國君不能因為一時的氣憤而發動戰爭，將帥不能因為一時的怨恨而出陣交戰。只要符合國家的利益，就可以出兵，不符合國家的利益便停止行動。憤怒可以重新變為喜悅，氣憤也可以轉變為高興，但是國家滅亡了便不可能復建，人死了就不會重生。所以，對於戰爭，明智的國君要慎重對待，優秀的將帥要小心警惕，這是安定國家、保全軍隊的重要原則。

闡釋

本篇名為《火攻篇》。前十一篇是作戰的一般形式，而本篇則是闡述火攻的規律和方法、注意事項等。

孫子是將火攻寫入兵法的第一人。他指出「火攻有五」：火燒敵軍，火燒糧草，火燒敵人的輜重，火燒敵人的倉庫，火燒敵人的運輸設施、糧道。這是火攻的種類。孫子還提到了火攻的條件，即「行火必有因」，需要準備器具，還要依據天氣徵候等。

在本篇中，孫子還提出了「合於利而動，不合於利而止」的戰爭原則。

孫子的唯利原則，是指考慮問題，採用戰術，制定方針，謀劃策略要以現實的利害為依據，對所作所為要有一個清醒、冷靜、理智的正確態度。唯利原則不是唯利是圖，利令智昏終要失敗。見利就爭，見便宜就搶，爭搶到手的往往是誘餌，曾變成害。所以，聰明的人考慮問題做決策時，總是兼顧到利和害兩個方面。

水火無情，兵家正是認識到了這一點，才把它們運用於戰爭。而在實際運用的過程中，應加以特別注意，以免「自淹」、「自焚」。

活學活用

▌《火攻篇》之一——以火佐攻者明

以火佐攻者明，

以水佐攻者強。

《孫子兵法》與軍事——赤壁之戰

赤壁之戰，可謂是火攻的典型戰例。曹操率大軍八十萬，而孫劉聯軍的實力無法與之抗衡，於是周瑜與諸葛亮定下火攻之計，借火之力，改變了戰爭的結局。孫子所說的「發火有時，起火有日」，正是諸葛亮預知將有一場東南風，從而使火攻成功。

東漢末年，曹操在平定北方、統一中原之後。統率二十萬（號稱八十萬）大軍沿長江東進，企圖迫使占有江南六郡的孫權不戰而降，然後一統中國。

　　這時候，屢遭敗績的劉備已退守到長江南岸的樊口。受劉備的委託，諸葛亮隻身一人前往柴桑會見孫權。諸葛亮舌戰群儒，堅定了孫權迎戰曹操的決心，於是，孫權和劉備結為聯盟，共同抗曹，孫、劉的軍隊與曹操的軍隊在赤壁相遇，拉開了赤壁之戰的序幕。

　　曹操的軍隊不善水戰，初次交鋒，孫、劉占了上風。曹操命令降將蔡瑁、張允訓練水軍，周瑜大會群英，巧施離間計，使曹操斬殺蔡瑁、張允。曹操失去善於水戰的將領，窘迫之際，將大船、小船或三十為一排，或五十為一排，首尾用鐵環鎖在一起，這樣，大江之上，任憑風大浪大，戰船不再顛簸，曹操自以為得計。

　　周瑜得知消息，決心用火攻曹軍。但是，時值冬季，江上多西北風，如果用火攻，不但燒不了曹軍，反倒要燒了自家戰船，周瑜為此坐臥不寧。諸葛亮能察天文地理，早已測知冬至前後將會有一場大東南風出現，於是自告奮勇，要「借」一場東南大風，助周瑜一臂之力。

　　周瑜欣喜若狂，又得大將黃蓋以死相助，用「苦肉計」騙得曹操的信任，在東南風乍起之時，駕著十餘艘載滿澆上了油和裹有硫磺等易燃物的乾草的戰船，在夜幕來臨之際，迅速接近了曹操的戰船。黃蓋一聲令下，點燃乾草，十餘艘戰船在東南風的勁吹之下，猶如十餘條火龍，直撲曹操的戰船。

　　剎時間，江面上煙火衝天。曹操的戰船連在一起，一船著火，幾十艘船跟著著火，曹操的水軍士兵大部分燒死、溺死在江中。大火從江面蔓延到曹軍岸邊的營寨，岸邊的曹營也變成了一片火海。

　　孫、劉聯軍乘勢水陸並進，曹操從華容小道僥倖逃得性命，幾十萬大軍損失殆盡。

　　赤壁一戰，為以後的魏、蜀、吳「三國鼎立」奠定了基礎。

《孫子兵法》與商業──借助媒體，名聲遠颺

在戰爭中，巧借水、火及其他輔助力量可以使弱者轉化為強者，使劣勢轉化為優勢。在現代商戰中，思維敏捷的商人們常是巧借「東風」的行家高手。

在某地方，有上百家公司同時生產席夢思床墊，競爭之激烈可想而知。一家鄉鎮企業生產了一種品牌席夢思床墊，在門市擺放一年無人問津。廠家十分疑惑，這種床墊是引進了國外最新技術製造的，質量絕對沒問題。

經過一番調查了解到，床墊市場上各種品牌多如牛毛，但質量參差不齊。有許多所謂的「名牌」床墊，顧客花上千元買回家後，發現不到一個月就出了問題，床墊開始凹凸不平，有的彈簧都斷了。對於一個新出的牌子，顧客當然是擔心花錢買罪受。

了解了情況，清楚了顧客心理，廠裡開始想辦法了。他們明白自己是個小廠，不能靠廣告或所謂名人來幫忙，於是就想出了讓新聞界主動幫忙的點子。他們將床墊鋪在市中心「家具城」前的繁華馬路處，租來一輛壓路機來輾壓。這個行為立刻吸引了大量的人圍觀。壓路機經過幾個來回後，輾壓過的床墊完好如初，彈性依舊，在場的觀眾無不驚嘆，當時就有人要買該牌床墊。這事件很快被到處找新聞的記者捕捉到了，一時間當地電台、報紙競相報導。這樣一來，該品牌床墊頓時名聲大振，沒用一分錢做了好廣告，扭轉了不利局面，產品暢銷全國，成了顧客信賴的品牌。

《孫子兵法》與處世──借詩婉拒求婚者

為人處世，許多時候不能過於直接。如拒絕別人，如果直截了當地當面拒絕，常會使人非常尷尬，甚至心生怨恨。這個時候，不妨巧借「東風」，藉此說破，反而更好。

金朝的宰相張平章，看上了詩人元好問的妹妹。幾天前，他讓相府的人去徵求元好問的意見。想不到這位頗負盛名的詩人爽快地說：「我妹妹的婚姻大事，應由她自己做主。」

張平章仔細地體會這句話的含義，不禁仰天大笑起來：「做哥哥的沒有推卻，想那元妹怎麼會為難我呢？何況，我是當朝宰相，權傾朝野，哪一個女孩會不喜歡呢？」

這天，張平章穿上最華麗的服裝，乘上裝飾一新的馬車，離開相府，興沖沖地求親去了。

馬車停在元妹的屋前，張平章威風凜凜地跳下車子，向元家走去。元妹聽說宰相來訪，便笑嘻嘻地出來迎接。把張平章樂得眉飛色舞，心想果然是個絕代佳人，西施再現。見她面露喜色，以為這位窈窕淑女就要屬於自己了。

元妹正在家裡裱糊天花板，客人來了，只得坐陪。她已猜知張平章的來意，果真提及此事，叫她如何回答好呢？正為難間，張平章大獻殷勤地說：「久聞元妹詩文超人，今天平章慕名而來，可有新作讓我欣賞欣賞？」

「小女子無才，承蒙誇獎。」元妹依然不動聲色，以新裱糊的天花板為題，吟誦一首絕句：

補天手段暫施張，

不許纖塵落畫堂。

寄語新來雙燕子，

移巢別處覓雕梁。

剛才還喜形於色的張平章一下子落進了冰窖，臉色煞是難看，「騰」地站起，氣呼呼地向外走去。他坐上車馬，車伕把鞭子抽得「劈叭」作響，馬蹄揚起陣陣灰塵，載著情場失意的宰相飛奔而去。

原來元妹並不喜歡這位仗著權勢居高臨下的張平章，故意在詩中把他比作汙染畫堂的「纖塵」和不識時務的「燕子」，將他氣跑了。

聰明人考慮問題、做決策時，總是兼顧利和害兩個方面。該爭必爭，該棄必棄。爭是為趨利，棄是為避害。

《火攻篇》之二——非利不動，非得不用

非利不動，

非得不用，非危不戰。

《孫子兵法》與軍事——李嗣源繞道救幽州

孫子所說的唯利原則，就是行軍打仗時要考慮到利害得失。聰明的將領在作軍事決策時，總是兼顧到利和害兩個方面。該爭必爭，該棄必棄。爭是為趨利，棄是為避害。

五代時期，契丹首領耶律阿保機率領三十萬大軍包圍了晉國的北方軍事重鎮幽州。晉王李存勗派大將李嗣源統率七萬兵馬增援幽州，解幽州之圍。

李嗣源與諸將商議進軍之計，說：「敵人多是騎兵，人數眾多，又已先處戰地，外出遊騎沒有輜重之憂，而我軍多是步兵，人數又少，還必須有糧草隨軍而行。如果在平原上與敵人相遇，敵軍只需把我軍糧草截走，我軍就會不戰自潰，更不用說用騎兵來衝擊我們了！」

針對這種不利情況，李嗣源從易州出發，不是向東北直奔幽州，而是先向正北，越過大房嶺，然後沿著山澗向東走。

李嗣源率大軍餐風飲露，月夜兼程，一直行進到距幽州只剩下六十里遠的地方，突然與一支契丹騎兵遭遇，契丹人這才發現晉軍派來了救兵。

契丹兵大吃一驚，慌忙向後撤退，李嗣源與養子李從珂率領三千騎兵緊隨契丹人的身後，晉軍大部隊則緊緊跟隨在李嗣源的騎兵後面。不同的是，契丹騎兵行走在山上，晉軍行走在山澗中。

行至山口，契丹萬餘騎兵擋住了去路。李嗣源知道成敗在此一舉，摘掉頭盔，用契丹語向敵人喊道：「你們無故侵犯我國，晉王命我率百萬之眾，直搗兩樓（契丹首府），將你們全部消滅！」說完，一馬當先，衝入敵陣，斬殺契丹酋長一名。眾將士見主帥身先士卒，群情激奮，鬥志倍增，紛紛殺入敵陣。契丹騎兵被迫向後退卻，晉軍的大部隊乘機走出山口。

出山之後即是一馬平川的大平原。由於失去山地的保護，極易遭受騎兵攻擊，李嗣源命令步兵砍伐樹枝作為鹿砦，人手一枝，每當部隊停下來或遭到契丹騎兵攻擊時，即用樹枝築成寨子，契丹騎兵只能環寨而行，而晉軍乘機放箭，契丹人馬死傷慘重。

逼近幽州時，晉軍後隊的步兵拖著草把、樹枝行進，一時間，煙塵滾滾，契丹兵不知虛實，以為晉軍援兵甚多，未戰先怯。等到決戰來臨，李嗣源率騎兵在前、步兵隨後，有組織地掩殺過來。契丹士兵鬥志皆無，丟棄了大量的車輛、馬匹，狼狽逃跑。

至此，幽州重鎮得以保全。

《孫子兵法》與商業——假髮大王劉文漢

對於「利」，睿智的商人總是有著敏銳的嗅覺，他們往往能透過一條訊息、一則新聞、一句話等，捕捉到商機，從而大獲其利。但需切記，唯利原則並不是唯利是圖，利令智昏終要失敗。

一九五八年，中國商人劉文漢在美國還是一個普通的商人，沒有什麼大的資產，他只能做一些汽車配件生意。當時在美國做這種生意的人很多，他的生意很不景氣。他早就有一種要開拓一個新行業的想法，可是做什麼好呢，他一直猶豫不決。

這年的夏天，他到美國克里夫蘭市做一次商務旅行。這天晚上，他的一個美國朋友請他去吃飯。當時劉文漢的心情很不好，他一直不想去，可是這個美國朋友不斷熱情邀請，只好去了。

他們吃飯的地方是一個不太大的餐館。劉文漢走進去，看到不少黑人青年，男男女女地圍在一塊，又喊又打又叫，他的心裡又是一陣煩躁。

「漢斯先生，我真的不想到這裡來了，我對這裡很不習慣。」

當時去美國的中國人，很多人經濟地位不高，大家總是想著如何做好生意，很少到玩樂的地方去。

「劉文漢先生，不要緊，很快你就會習慣的，美國就是這樣的。」

過了一會兒，漢斯的朋友來了，他有一頭長長的黑髮。開始的時候，劉文漢還以為是一位小姐，坐下來說了幾句話才看清是個男人。

劉文漢只好在心裡暗暗叫苦，來到美國，自己連男人和女人也分不清了。

大家坐下來談了一會兒，漢斯看到劉文漢的情緒不高，便半開玩笑地說：「這是我的朋友劉文漢先生，是專門在美國做流行生意的，美國人需要什麼，他就賣什麼。」

那個長頭髮的男人叫了起來：「那可真是太好了！」說著一下子把自己的肩上的頭髮扯了下來：「你看看吧，這就是目前美國人最需要的。」

劉文漢吃了一驚：「你的頭髮是假的？你為什麼要戴一頭假髮？」

漢斯的朋友笑了起來：「我是一個推銷商，我賣的就是這個！」

「假髮在美國很流行？」

「那當然了，有多少就可以賣多少啊！」

「這是真的？」劉文漢還是有點不相信。

漢斯說：「現在美國的假髮工廠很少，生產不出來，主要是從法國進口。」

「為什麼美國人一下子需要這麼多的假髮？」

「這個，這個……我們也說不清楚。」漢斯笑了：「只有你們中國人，什麼事情都要問個為什麼。」

從飯館裡出來，劉文漢走在大街上，一邊走一邊想：美國人為什麼需要假髮呢？正想著，耳邊傳來了一陣轟鳴聲，一群摩托車瘋一般地開了過來，車上是一群美國青年。女人全都是光頭，男人則是長髮。他們對著劉文漢大叫了一陣，接著幾個男青年將長髮脫下來，給那些光頭女人戴上，女人成了長髮，男人全是光頭了。

「太好了，太好了！」劉文漢叫了起來，他找到了美國需要長髮的根據了。

那些嬉皮聽到他在叫好，高興地把他圍起來，又唱又跳……

當時美國的國內反越戰情緒十分高漲，美國黑人爭取平等的鬥爭也是一浪高過一浪。這時候社會上出現了一批對現實不滿的專披長髮的青年，這就是人們所說的「嬉皮」運動。男人的頭髮不可能一夜之間長到披肩，再說這些人連臉都不洗，哪裡有時間梳理長髮，所以假髮一夜之間成了美國最時髦的商品。

劉文漢回到香港之後，發現香港市場上有人用從印尼進口的真髮做成假髮出售，那主要是為脫髮者和演員用的。生產的成本很低，做一個只有一、兩百港幣，到美國可以賣到五千八百港幣。可是美國的市場很大，這點假髮根本不夠賣的，劉文漢便自己下功夫研究了一種做假髮的機器，產品直接賣到美國。

一九六〇年代，香港的假髮業成了香港繁榮的四大產業之一。到了一九七〇年便超過了電子工業，外銷總額達到了十億港幣。劉文漢在香港建了三百多家假髮工廠，每年有二十萬副假髮銷住美國。劉文漢成了真正的「世界假髮之父」。

許多年之後，劉文漢說：「如果一九五八年不到美國去，如果沒有碰上漢斯的朋友，沒有看到那些『嬉皮』，也就沒有今天的假髮大王劉文漢了。」

《孫子兵法》與處世——清廉的王爾烈

著名作家林清玄曾講過這樣一個故事，自己一位朋友的親戚的姑婆從來沒穿過合腳的鞋子，她常穿著巨大的鞋子走來走去。晚輩如果問她，她就會說：「大小鞋都是一樣的價錢，為什麼不買大的呢？」生活中，許多人不斷地追求巨大，其實是被唯利是圖的心推動著，就好像買了特大號的鞋子，忘了不合自己的腳一樣。其實，不管追求什麼，總要適可而止。

清朝乾隆、嘉慶年間，遼陽城裡出了一位才子，名叫王爾烈，他從小就很會詩文，書法也寫得很好，非常聰明，才智出眾，長大做官以後，清廉不貪，有雙肩明月、兩袖清風之譽。

有一次，王爾烈從江南主考回來，恰逢嘉慶皇帝登基繼位，皇帝召見他說：「老愛卿家境如何？」

王爾烈回答：「幾畝薄田，一望春風一望雨；數間草房，半倉農器半倉書。」

嘉慶說：「老愛卿為官清廉，我是知道的，朕現在派你去安徽銅山鑄錢，你去上幾年，光景就會不錯了。」

王爾烈到了銅山鑄錢，因為那裡有座清朝御製通寶的鑄錢爐。他在那裡工作了三年，又奉詔回到京城，嘉慶召王爾烈上殿，問：「老愛卿，這一回可以安度餘年了吧？」言外之意是，這一回從錢堆裡爬出來，該有不少「收穫」吧。

王爾烈聽了以後，笑了笑：「臣依然是兩袖清風，一無所存。」

嘉慶說：「不會吧，你再查查看！」

王爾烈只好又伸手一掏，從袖套裡掏出三個銅錢來，只見一個個磨得溜光雪亮，原來是鑄錢時用的模子。

嘉慶皇帝見王爾烈如此清廉，十分感動地說：「愛卿真可謂老實！」

第十三篇 用間篇

　　《用間篇》是《孫子兵法》的最後一篇，與《計篇》遙相呼應，貫穿著「知己知彼」的思想，使本書成為一個整體。「用間有五」，即「因間」、「內間」、「反間」、「死間」、「生間」。如果巧妙地運用這五種間術，就會使敵人無法洞悉其中的奧祕，從而順利達到自己的目的。

　　「用間有五」，即「因間」、「內間」、「反間」、「死間」、「生間」。巧妙地運用這五種間術，能迷惑敵人，從而達到自己的目的。

原文

　　孫子曰：凡興師十萬，出征千里，百姓之費，公家之奉，日費千金；內外騷動，怠於道路，不得操事者，七十萬家。相守數年以爭一日之勝，而愛爵祿百金，不知敵之情者，不仁之至也，非民之將也，非主之佐也，非勝之主也。故明君賢將，所以動而勝人，成功出於眾者，先知也。先知者，不可取於鬼神，不可像於事，不可驗於度，必取於人，知敵之情者也。

　　故用間有五：有因間、有內間、有反間、有死間、有生間。五間俱起，莫知其道，是謂神紀，人君之寶也。因間者，因其鄉人而用之。內間者，因其官人而用之。反間者，因其敵間而用之。死間者，為誑事於外，令吾間知之，而傳於敵間也。生間者，反報也。

　　故三軍之親，莫親於間，賞莫厚於間，事莫密於間，非聖智不能用間，非仁義不能使間，非微妙不能得間之實。微哉！微哉！無所不用間也。間事未發，而先聞者，間與所告者皆死。

　　凡軍之所欲擊，城之所欲攻，人之所欲殺，必先知其守將、左右、謁者、門者、舍人之姓名，令吾間必索知之。必索敵人之間來間我者，因而利之，導而舍之，故反間可得而用也。因是而知之，故鄉間、內間可得而使也。因是而知之，故死間為誑事，可使告敵。因是而知之，故生間可使如期，五間之事，主必知之，知之必在於反間，故反間不可不厚也。

昔殷之興也，伊摯在夏；周之興也，呂牙在殷。故唯明君、賢將，能以上智為間者，必成大功。此兵之要，三軍之所恃而動也。

譯文

孫子說：發動大規模的戰爭，出征千里，百姓的耗費，國家的開支，每天都需要花費數目巨大的資財。全國上下，也因戰爭而動亂不安，百姓疲於奔命，不能正常從事自己的生產的，就會有七十萬家之眾（古制：一家從軍，需七家負擔戰爭勞役）。敵我兩軍相持數年，為的是有朝一日能取得勝利。所以，那些吝惜錢財，不肯透過用間諜來了解敵情的將帥，實在是沒有仁愛之心到了極點。這樣的將帥，不是軍隊的好將帥，不是國君的好助手，也不是能獲得戰爭勝利的人。

英明的國君和優秀的將帥，之所以一出兵就能戰勝敵人，取得的成功超過一般人，就在於用兵之前便掌握和了解了敵情。要事先了解敵情，絕不能依靠神鬼的啟示，也不能用某些事件現象的類比推測，更不可用日月星辰運行的度數去驗證，而只能從那些真正了解敵情的人那裡獲得。

間諜的運用方式有「因間」、「內間」、「反間」、「死間」、「生間」五種。五種方式同時運用，使敵人不能知道我國用間諜的手段和途徑，才能使敵人感到神祕莫測，這是克敵制勝的法寶。所謂「因間」，是利用敵國居民中的一般人做間諜；「內間」，是利用敵方的官員做我方的間諜；「反間」，是利用敵人的間諜來為我們做間諜工作；「死間」，是製造假情報透過潛入敵營的我方間諜，傳給敵方間諜，使敵軍受騙（因真情一旦敗露，此類間諜難免被殺，故稱「死間」）；「生間」，是指能活著回來報告敵情的間諜。

所以，對於統領三軍、用兵打仗的國君和主帥來說，全軍上下沒有比間諜更為親近的，獎賞沒有比間諜更優厚的，交代處理的事情沒有比間諜更機密的。不是睿智聰明的人，不能使用間諜；不是仁慈慷慨的人，不能指使間諜；不是用心精打細算的人，不能獲得間諜的真實情報。微妙呀，微妙！沒有什麼地方不可以使用間諜。如果間諜工作尚未開展就洩漏了用間諜的消息，那麼，間諜和告密者都應該處死。

　　對那些我軍想要攻擊的地方，想要攻打的城堡，以及準備刺殺的敵方官員，都應該事先了解敵方的守將及其左右親信、掌管通訊聯絡和把守門戶的官員以及幕僚門客的姓名。對於這些情況，我方的間諜一定要偵察清楚。

　　必須查出來偵察我方情況的敵方間諜，用優厚待遇和金錢收買他們，對他們進行引誘開導，然後交給他們任務，放他們回去，這樣就可以使他們成為反間，為我所用了。有了反間提供的情報，就可培植、利用鄉間和內間了。根據反間提供的情報和死間傳播的假情報，就可以透過反間而告知敵人；也是因為有了反間，我方的生間就可以按預定的時間回來匯報敵情。對於五種間諜的情況，君主必須清楚地知道並應該懂得，其關鍵在於利用反間，所以，對反間的賞賜待遇不能不是最優厚的。

　　從前，殷商的興起，得力於伊尹曾在夏朝做過官；西周的興起，得力於姜尚曾在殷商為臣。所以，明智的國君，賢良的將帥，能使用智慧高超的人做間諜，一定能取得極大的成功。這是用兵作戰的要決，整個軍隊都要依據他們提供的情報來決定軍事行動。

闡釋

　　《用間篇》是《孫子·兵法》的最後一篇，與《計篇》遙相呼應，貫穿著「知己知彼」的思想，使本書成為一個整體。

　　孫子開篇便提出用間的重要性。孫子說：「成功出於眾者，先知也。」聰明的君主、優秀的將帥取得不凡的戰績，是由於事先完全知道敵軍情況的緣故。

　　「用間有五」，即「因間」、「內間」、「反間」、「死間」、「生間」。如果巧妙地運用這五種間術，就會使敵人無法洞悉其中的奧祕，從而順利達到自己的目的。

　　在「五間」中，「反間」尤為重要，因為「反間」是巧妙地利用敵人的間諜為我所用，這樣既可以獲取訊息，又可以避免己方受損。

出兵必勝是因為「先知」敵情，而所謂的「先知」不能祈求神來取得，也不能用過去的事來對比，更不能用夜觀天象來驗證，必須靠了解敵情來得到準確的消息。這就是用間的基本出發點。

活學活用

《用間篇》之一——三軍之事，莫親於間

三軍之事，

莫親於間，

賞莫厚於間，

《孫子兵法》與軍事——陳平設計除敵臣

戰前和戰爭期間對敵方情報的刺探，是己方制定正確作戰方案的依據之一。善戰的將領，都會十分重視戰前對敵方情況的了解，而不是祈求於鬼神，不從表面現象去推測實質，他們善於用「間」取得勝利。

西元前二〇五年，楚霸王項羽率十萬大軍圍攻滎陽。漢王劉邦召集謀士陳平等商議對策。

陳平很自信地對劉邦說：「項羽手下的骨幹之臣，無非是范增和鐘離眜等人。項羽氣量狹小，生性多疑。漢王若能捨棄黃金萬兩，離間項羽君臣，就會使他們互不信任。待楚軍內部分裂之際，我方乘機進攻，何愁楚軍不滅。」劉邦連聲稱妙，馬上命人取來大量黃金，交給陳平使用。

陳平先以黃金收買不少楚軍將士，讓他們到處散布謠言：「鐘離眜身為大將，為項王出生入死，立下許多大功，卻不得封王。現在鐘離眜想與漢王聯合，共同消滅項王，瓜分項王的土地。」果然，項羽聽信了這些謠言，對鐘離眜產生了懷疑，從此不再重用他了。

首戰告捷後，陳平又把離間的目標轉向范增。范增是項羽的「智囊」，一肚子鬼主意，漢王劉邦在鴻門宴上差點被他砍掉了腦袋。劉邦提出割讓滎

陽以西求和之後，范增極力鼓勵項羽拿下滎陽。這樣，范增更成了劉邦的眼中釘。

有一天，項羽的使者到了滎陽城，陳平命人以招待諸侯的場面進行款待。使者洋洋自得，坐在盛宴席上剛要狂飲大嚼時，陳平突然進來了。陳平看了使者一眼，故作驚訝地說：「哎呀！弄錯了，我以為是范增的使者呢，原來是項王的使者。」說罷，陳平命令撤下盛宴，換上極粗劣的飯食。使者憋著一肚子火回到楚軍營中，把這段遭遇匯報給項羽。項羽聽後果然對范增起了疑心。范增卻蒙在鼓裡，一個勁地勸項羽速攻滎陽。范增催得越緊，項羽對范增越懷疑。後來范增得知項羽對他起了疑心的傳聞，一怒之下告老還鄉。范增本來就體弱多病，加上氣恨交加，還未到家就發病死了。

身邊沒有了謀士，項羽更加蠻幹了。沒有幾年，他就被劉邦逼得自刎於烏江。

《孫子兵法》與商業——古爾德設計賺威廉

在激烈的商戰中，誰領先一步，誰就穩操勝券；誰落後一步，誰就會被排斥在市場大門之外。為了獲得商業情報，公司與公司之間，商業諜戰幾乎趨於白熱化。值得注意的問題是，競爭並不是不講原則，更不是損人利己，想求得發展，需從產品質量、服務、管理方法、行銷策略等方面下手，以求精益求精，領先於人。同時，對於別有用心者，應當警惕。

在美國內戰期間，西聯電報公司在美國處於壟斷地位，其總經理是詭計多端的老范德比。古爾德早就看上了西聯電報公司，只是老范德比不好對付，只好等待時機。老范德比死後，由其大兒子威廉·范德比繼任老闆。古爾德看到時機已到，想出一著妙棋。

他先花了一百萬美元開了一條新電報線路，成立了太平大西洋電報公司。威廉·范德比意識到了古爾德的威脅，立即派人與他談判。經過討價還價，威廉以五百萬美元買下了太平大西洋公司。太平大西洋公司的設備及人馬全都轉入了西聯電報公司。而且，由於掌握技術的原因，太平大西洋公司的艾

克特還做上了西聯的總工程師。威廉‧范德比十分得意，認為不僅擴大了實力，而且還引進了一員虎將。

後來愛迪生發明了四重發報機，比原來的電報效率提高了一倍以上。西聯公司派艾克特與愛迪生談判。臨行前，威廉叮囑艾克特要用低於五萬美元的價格購得愛迪生的專利。威廉‧范德比自以為西聯是壟斷公司，愛迪生別無選擇，一定穩操勝券。

然而，艾克特是古爾德預先設下的內線。他一邊與愛迪生談判，一邊把談判的進展告訴古爾德。

在談判的第一天晚間十點，古爾德與艾克特一同乘車趕到愛迪生家，把愛迪生請上馬車，然後直奔古爾德公館而去。

一到古爾德家，艾克特忙說：「我今天上午跟你談判的時候，是代表西聯。現在我代表的是剛成立的美聯電報公司。我與古爾德先生願意出十萬美元購買您的專利，而且要請你出任本公司的總工程師，薪水好說。」愛迪生是個科學家，不懂生意經，他覺得這個條件比西聯的好多了，因此就應諾下來。

古爾德在撤走西聯總工程師和掌握愛迪生這張王牌的形勢下，要挾西聯。威廉‧范德比大呼上當，幾乎氣死，然而又束手無策，只好同意兩家公司合併，由古爾德任總經理。

《孫子兵法》與處世——沙漠中的屍體

「用間」之所以能夠常常獲得成功，原因之一在於人的猜疑心理。《菜根譚》有云：「念頭寬厚的，如春風煦育，萬物遭之而生；念頭忌克的，如朔雪陰凝，萬物遭之而死。」可見，疑心病是多麼有害，我們必須戰勝多疑之心。

兩個人結伴橫越沙漠，水喝完了，其中一人中暑不能行動。剩下的那個健康而饑渴的人對同伴說：「你在這裡等著，我去找水。」他把手槍塞到同伴的手裡，說：「槍裡有五顆子彈，記住，三小時後，每小時對空鳴槍一次，槍聲會告訴我你在的位置，我就能順利找到你。」兩人分手後，一個人充滿

信心地去找水了，另一個滿腹狐疑地躺在那裡等候，他看著手錶，按時鳴槍，但他一直相信只有自己才能聽到槍聲，他的恐懼加深，認為同伴找水失敗，中途渴死，不久又想一定是同伴找到了水，卻棄自己而去。

到應該開第五槍的時候，他悲憤地想：「這是最後一顆子彈了，等到這顆子彈用完之後，同伴聽不到我的槍聲，我還有什麼依靠呢？只有等死了，而在臨死前，禿鷹會啄瞎我的眼睛，那時該多麼痛苦，還不如……」於是他把槍口對準自己的太陽穴，扣動了扳機。不久那個提著滿壺清水的同伴帶著駱駝商旅循聲而至，但是他們找到的卻只是一具屍體。

在「五間」中，「反間」尤其重要，因為「反間」是巧妙地利用敵人的間諜為我所用，而敵人的間諜為敵方統帥所信任，可以更好地傳遞我方的假情報。

《用間篇》之二 —— 反間者，因敵間而用之

鄉間者，因其鄉人而用之；

內間者，因其官人而用之；

反間者，因其敵間而用之……

《孫子兵法》與軍事 —— 岳飛反間除劉豫

在「五間」中，「反間」尤其重要，因為「反間」是巧妙地利用敵人的間諜為我所用，而敵人的間諜為敵方統帥所信任，可以更好地傳遞我方的假情報。《三十六計》中亦有「反間計」，唐代杜牧對「反間計」的論述更加清楚：「敵有間來窺我，我必先知之，或厚誘之，反為我用；或佯為不覺，示以偽情而縱立，則敵人之間，反為我用也。」

西元一一三〇年，金人在大名府封宋朝的投降官員劉豫做大齊皇帝。以後劉豫多次配合金人攻打宋軍，成為宋軍北伐的最大障礙。宋將岳飛認為，要想驅逐金兵，必須先除去劉豫。他了解到劉豫與金將完顏宗翰狼狽為奸，金國元帥對此十分忌恨。於是就想利用敵人的矛盾來剷除劉豫。恰好宋軍捉

到一個金兀朮派來的間諜，岳飛便故意將他裝作是自己派出去的人員，責問他說：「你不是張斌嗎？前些日子派你送信給劉豫，要他設法把金兀朮引誘出來。不料你竟一去不復返。以後我又派人去聯繫。劉豫已經答應到冬天把金兀朮引誘到清河和我共同夾擊。你為什麼沒有把信送到呢？」間諜怕岳飛殺死他，也就順水推舟，冒認張斌，岳飛要他再給劉豫送信，信中敘述謀殺金兀朮的事，封成蠟丸。然後囑咐間諜說：「我饒恕了你，這回你一定要把信送到。」這個間諜以為既保住了性命，又竊得重要情報，好不歡喜。回到金國，馬上把信獻給金兀朮。金兀朮一看，勃然大怒，立即撤了劉豫的皇帝名號，並把他充軍到臨潢，宋朝一個逆敵就這樣被除掉了。

《孫子兵法》與商業——美國聯邦調查局智鬥日本公司

「先下手為強」，商場中的情報又何止「爵祿百金」，誰能先獲得情報，率先發展，誰就將戰勝對手，即「捷足先登」。而另一方面，商家又要千方百計保護自己的情報不被別人竊取，這種情報大戰與反情報大戰早已進入白熱化，高科技的情報與數據尤為重要，一份好的設計可以省去高額的經費，可以稱「千金難買」。怪不得日立、三菱費盡心思想要得到，而美方又巧設陷阱與之周旋。

一九八〇年一月二十日，美國國際商用機器公司（IBM）丟失了一份有關電子電腦軟體設計的祕密技術文件。

國際商用機器公司是世界最大的電子電腦公司，它擁有三十六萬五千名職員，產品暢銷世界一百三十多個國家和地區。一九八一年，該公司產品銷售額達三百億美元，日本六家最大的電子電腦公司的總銷售額僅是它的三分之一。曾在美國聯邦調查局當過七年偵探的理查‧賈拉漢負責 IBM 的保衛工作。賈拉漢嘔心瀝血地忙了一年又十個月，終於從一位名叫佩里的老朋友那裡找到了線索——佩里剛從日本歸來，日本日立公司主任工程師林健治企圖收買他，以圖獲得 IBM 的最新電子電腦「3081K」的全部資料。林健治還交給佩里一份「3081K」的設計手冊的複印件。設計手冊正是 IBM 失竊的那一份文件。

賈拉漢立即找聯邦調查局的朋友幫忙。聯邦調查局在加利福尼亞的「矽谷」地區設有一家「格萊曼」公司，其任務就是保護美國的高尖端技術，偵破重大科技案件。賈拉漢和格萊曼公司經理阿蘭·賈連特遜共同制訂了詳細的計畫，專等林健治上鉤。

一九八一年十一月，林健治應佩里的邀請來到格萊曼公司，賈連特遜化名「哈里遜」接見了林健治，賈拉漢以公司職員身分做「哈里遜」的副手。林健治提出參觀「3380」電腦系統的實物，賈連特遜連連搖頭。林健治又表示可以給他們一筆巨額報酬，雙方討價還價，最後達成協議。十一月十五日，日立公司駐舊金山辦事處主任工程師成瀨被引入美國普萊德·惠特尼公司「參觀」IBM 3380 電腦系統，成瀨從各個角度對電腦進行了拍照，但他不知道，美國聯邦調查局已用一台隱蔽的攝影機把他的所有舉止全部實錄下來。

日本三菱公司探聽到日立公司派人去了美國，也急忙派遣工業間諜木村富藏等人進入美國，企圖竊取美國的電腦情報，「哈里遜」笑臉相迎，來者不拒。

一九八二年六月，林健治為了盡快得到 IBM 3081K 型電腦的全部資料，再次來到美國，「哈里遜」狠狠地敲了林健治一筆，雙方以五十二萬五千美元成交。六月二十二日，林健治帶著助手大西勛和美籍日本人吉田先生到「哈里遜」辦公室「取貨」，迎接他們的卻是聯邦調查局的特工人員。與此同時，三菱公司的木村等人也相繼被逮捕。

美國聯邦調查局將林健治、木村等人竊取美國高科技情報一事公之於世，世界為之轟動。輿論界普遍認為，這是「歷史上最大的工業間諜案之一」。

《孫子兵法》與處世——學士治爐有方

生活中有「離間」之說，這常是因人的嫉妒心理在作怪，嫉妒心大多數人都或多或少地有一些，只是藏在內心的深處不易察覺。看到別人在一些方面強於自己，自己心中不平衡、不舒服，尤其是此時若再遇到一些不順利的事情，那就不僅僅是嫉妒了，甚至有些人為此付出了昂貴的代價。以不正當

的手段去打擊別人，自己也同樣受害不淺。家庭中如果嫉妒過分，夫妻間缺乏必要的信任，就會導致家庭關係的緊張，甚至破裂。

京都長安的一位學士，娶有一妻，妻子生性嫉妒，極為潑悍。她經常對丈夫妄加猜疑，心裡不想別的事，只是時時擔心丈夫接近別的女人。為了防患於未然，便用一條長繩繫在丈夫的腿上，有事也不必招呼，只須一拉繩子，人就被牽到面前。

如果丈夫有事出門，務必限定嚴格的時間。學士在家中的處境，就如同奴隸一般。舉止不便還在其次，主要是臉面無光，羞於見人。學士不堪忍受，決定設計脫身。於是收買了一個女尼，說明了自己的用意，囑咐她到時候依計行事。然後，他又向人借來一頭羊，趁妻子午休之際，偷偷解下腿上的繩子，將繩繫在羊腿上，自己悄悄溜出家門，藏了起來。妻子醒後，見丈夫不在身旁，趕緊牽動繩子，沒想到牽過來的竟是一頭羊。妻子本來就篤信鬼神，以為自己的丈夫變成了牲畜，大驚失色。恰好一女尼前來化緣，妻子急忙上前詢問凶吉。女尼說：「你家祖先顯靈了，他們怪你做事太缺德，所以將公子變成羊來懲罰你。如果你能悔過，誠心齋戒七天，我可以替你禱告。」妻子想到丈夫往日的好處，不禁抱羊痛哭，指天發誓，保證以後不再虐待丈夫。

七天之後，妻子沐浴焚香，率領一家大小來到女尼面前神請罪。女尼讓人把羊放開，送到門外，等待祖先開恩。學士見羊出來了，便將羊遠遠地趕走，自己則緩緩走進家門。妻子見丈夫平安無事，哭著問道：「做了這麼多天的羊，苦不苦啊？」學士說：「幾天來迷迷糊糊地，也不知發生了什麼事，只記得草不好吃，肚子時時作痛。」妻子聽丈夫這麼一說，心裡更是悲傷。經歷了這場驚嚇，妻子的潑性完全收斂，就像換了個人一樣。時間一長，難免稍稍有一點故態復萌，學士一看苗頭不對，便立刻趴在地上，「咩咩」地學羊叫。妻子頓時驚醒，慌忙跪在地上祈求寬恕。

國家圖書館出版品預行編目（CIP）資料

當孫子兵法成為必修課：十三篇謀略學分修好修滿 / 歐陽翰，劉燁 著.
-- 第一版 . -- 臺北市：崧燁文化，2020.02
面； 公分
POD 版

ISBN 978-986-516-366-2(平裝)

1. 孫子兵法 2. 研究考訂 3. 謀略

592.092 108022407

書　　名：當孫子兵法成為必修課：十三篇謀略學分修好修滿
作　　者：歐陽翰，劉燁 著
發 行 人：黃振庭
出 版 者：崧燁文化事業有限公司
發 行 者：崧燁文化事業有限公司
E-mail：sonbookservice@gmail.com
粉 絲 頁：　　　　　　網 址：
地　　址：台北市中正區重慶南路一段六十一號八樓 815 室
8F.-815, No.61, Sec. 1, Chongqing S. Rd., Zhongzheng
Dist., Taipei City 100, Taiwan (R.O.C.)
電　　話：(02)2370-3310 傳　真：(02) 2388-1990
總 經 銷：紅螞蟻圖書有限公司
地　　址：台北市內湖區舊宗路二段 121 巷 19 號
電　　話:02-2795-3656 傳真 :02-2795-4100　　網址：
印　　刷：京峯彩色印刷有限公司（京峰數位）
　　本書版權為千華駐讀書堂出版社所有授權崧博出版事業有限公司獨家發行電子
　　書及繁體書繁體字版。若有其他相關權利及授權需求請與本公司聯繫。
定　　價：250 元
發行日期：2020 年 02 月第一版
◎ 本書以 POD 印製發行